U0258536

|||\ 见识城邦

更 新 知 识 地 图　拓 展 认 知 边 界

少年图文大历史

生命是什么

[韩] 朴子英 [韩] 李龙久 著 [韩] 洪承宇 绘
黄进财 译

中信出版集团 | 北京

图书在版编目（CIP）数据

生命是什么 /（韩）朴子英，（韩）李龙久著；（韩）洪承宇绘；黄进财译 . -- 北京：中信出版社，2021.10
（少年图文大历史；6）
ISBN 978-7-5217-3133-0

Ⅰ . ①生… Ⅱ . ①朴… ②李… ③洪… ④黄… Ⅲ . ①太阳系－少年读物 Ⅳ . ① P18-49

中国版本图书馆 CIP 数据核字（2021）第 086523 号

生命是什么
著者：　[韩] 朴子英　[韩] 李龙久
绘者：　[韩] 洪承宇
译者：　黄进财
出版发行：中信出版集团股份有限公司
（北京市朝阳区惠新东街甲 4 号富盛大厦 2 座　邮编　100029）
承印者：　天津丰富彩艺印刷有限公司

开本：880mm×1230mm 1/32　印张：6.75　字数：130 千字
版次：2021 年 10 月第 1 版　印次：2021 年 10 月第 1 次印刷
京权图字：01–2021–3959　书号：ISBN 978–7–5217–3133–0
定价：58.00 元

大历史是什么？

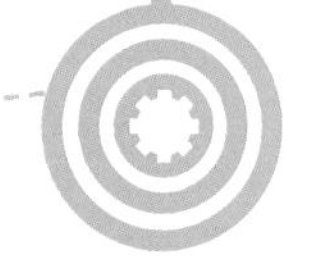

为了制作“探索地球报告书”，具有理性能力的来自织女星的生命体组成了地球勘探队。第一天开始议论纷纷。有的主张要了解宇宙大爆炸后，地球是从什么时候、怎样开始形成的；有的主张要了解地球的形成过程，就要追溯至太阳系的出现；有的主张恒星的诞生和元素的生成在先，所以先着手研究这个问题。

在探索过程中，勘探家对地球上存在的多样生命体的历史产生了兴趣。于是，为了弄清楚地球是在什么时候开始出现生命的，并说明生命体的多样性和复杂性，他们致力于研究进化机制的作用过程。在研究过程中，他们展开了关于“谁才是地球的代表”的争论。有人认为存在时间最长、个体数最多、最广为人知的“细菌”应为地球的代表；有人认为亲属关系最为复杂的蚂蚁才是；也有人认为拥有最强支配能力的智人才是地球的代表。最终在细菌与人类的角逐战中，人类以微弱的优势胜出。

现在需要写出人类成为地球代表的理由。地球勘探队决定要对人类怎样起源、怎样延续、未来将去往何处进行调查，同时要找出人类的成就以及影响人类的因素是什么，包括农耕、城市、帝国、全球网络、气候、人口增减、科学技术和工业革命等。那么，大家肯定会好奇：农耕文化是怎样促使人类的生活产生变化的？世界是怎样连接的？工业革命是怎样改变人类历史的？……

地球勘探队从三个方面制成勘探报告书，包括："从宇宙大爆炸到地球诞生"、"从生命的产生到人类的起源"和"人类文明"。其内容涉及天文学、物理学、化学、地质学、生物学、历史学、人类学和地理学等，把涉及的知识融会贯通，最终形成"探索地球报告书"。

好了，最后到了决定报告书标题的时间了。历尽千辛万苦后，勘探队将报告书取名为《大历史》。

外来生命体？地球勘探队？本书将从外来生命体的视角出发，重构"大历史"的过程。如果从外来生命体的视角来看地球，我们会好奇地球是怎样产生生命的、生命体的繁殖系统是怎样出现的，以及气候给人类粮食生产带来了哪些影响。我们不禁要问："6 500 万年前，如果陨石没有落在地球上，地球上的生命体如今会怎样进化？""如果宇宙大爆炸以其他细微的方式进行，宇宙会变成什么样子？"在寻找答案的过程中，大历史产生了。事实上，通过区分不同领域的各种信息，融合相关知识，并通过“大历史”，我们找到了我们想要回答的“宇宙大问题”。

大历史是所有事物的历史，但它并不探究所有事物。在大历史中，所有事物都身处始于137亿年前并一直持续到今天的时光轨道上，都经历了10个转折点。它们分别是137亿年前宇宙诞生、135亿年前恒星诞生和复杂化学元素生成、46亿年前太阳系和地球生成、38亿年前生命诞生、15亿年前性的起源、20万年前智人出现、1万年前农耕开始、500多年前全球网络出现、200多年前工业化开始。转折点对宇宙、地球、生命、人类以及文明的开始提出了有趣的问题。探究这些问题，我们将会与世界上最宏大的故事相遇，宇宙大历史就是宇宙大故事。

因此，大历史不仅仅是历史，也不属于历史学的某个领域。它通过开动人类的智慧去理解人类的过去和现在，它是应对未来的融合性思考方式的产物。想要综合地了解宇宙、生命和人类文明的历史，就必然涉及人文与自然，因此将此系列丛书简单地划分为文科和理科是毫无意义的。

但是，认为大历史是人文和科学杂乱拼凑而成的观点也是错误的。我们想描绘如此巨大的图画，是为了获得一种洞察力，以便贯穿宇宙从开始到现代社会的巨大历史。其洞察中的一部分发现正是在大历史的转折点处，常出现多样性、宽容开放、相互关联性以及信息积累的爆炸式增长。读者不仅能通过这一系列丛书，在各本书也能获得这些深刻见解。

阅读和学习“少年图文大历史”系列丛书会有什么不同呢？当然是会获得关于宇宙、生命和人类文明的新奇的知识。此系列丛书不是百科全书，但它包含了许多故事。当这些故事以经纬线把人文和科学编织在一起时，大历史就成了宇宙大故事，同时也为我们提供了一个观察世界、理解世界的框架。尽管想要形成与来自织女星的生命体相同的视角可能有点困难，但就像登上山顶俯瞰世界时所看到的巨大远景一样，站得高才能看得远。

但是，此系列丛书向往的最高水平的教育是“态度的转变”，因为通过大历史，我们最终想知道的是“我们将怎样生活”。改变生活态度比知识的积累、观念的获得更加困难。我们期待读者能够通过“少年图文大历史”系列丛书回顾和反省自己的生活态度。

大历史是备受世界关注的智力潮流。微软的创始人比尔·盖茨在几年前偶然接触到了大历史，并在学习人类史和宇宙史的过程中对其深深着迷，之后开始大力投资大历史的免费在线教育。实际上，他在自己成立的 BGC3（Bill Gates Catalyst 3）公司将大历史作为正式项目，之后还与大历史企划者之一赵智雄的地球史研究所签订了谅解备忘录。在以大卫·克里斯蒂安为首的大历史开拓者和比尔·盖茨等后来人的努力下，从 2012 年开始，美国和澳大利亚的 70 多所高中进行了大历史试点项目，韩国的一些初、高中也开始尝试大历史教学。比尔·盖茨还建议“青少年应尽早学习大历史”。

经过几年不懈努力写成的“少年图文大历史”系列丛书在这样的潮流中，成为全世界最早的大历史系列作品，因而很有意义。就像比尔·盖茨所说的那样，“如今的韩国摆脱了追随者的地位，迈入了引领国行列”，我们希望此系列丛书不仅在韩国，也能在全世界引领大历史教育。

李明贤　　赵智雄　　张大益

祝贺“少年图文大历史”系列丛书诞生

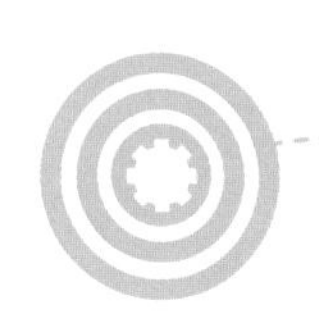

大历史是保持人类悠久历史，把握全宇宙历史脉络以及接近综合教育最理想的方式。特别是对于 21 世纪接受全球化教育的一代学生来讲，它显得尤为重要。

全世界范围内最早的大历史系列丛书能在韩国出版，并且如此简洁明了，这让我感到十分高兴。我期待韩国出版的“少年图文大历史”系列丛书能让世界其他国家的学生与韩国学生一起开心地学习。

“少年图文大历史”系列丛书由 20 本组成。2013 年 10 月，天文学者李明贤博士的《世界是如何开始的》、进化生物学者张大益教授的《生命进化为什么有性别之分》以及历史学者赵智雄教授的《世界是怎样被连接的》三本书首先出版，之后的书按顺序出版。在这三本书中，大家将认识到，此系列丛书探究的大历史的范围很广阔，内容也十分多样。我相信“少年图文大历史”系列丛书可以成为中学生学习大历史的入门读物。

大历史为理解过去提供了一种全新的方式。从 1989

年开始，我在澳大利亚悉尼的麦考瑞大学教授大历史课程。目前，以英语国家为中心，大约有50所大学开设了大历史课程。此外，在微软创始人比尔·盖茨的热情资助下，大历史研究项目团体得以成立，为全世界的青少年提供免费的线上教材。

如今，大历史在韩国备受关注。2009年，随着赵智雄教授地球史研究所的成立，我也开始在韩国教授大历史课程。几年来，为促进大历史在韩国的传播，我们付出了许多心血，梨花女子大学讲授大历史的金书雄博士也翻译了一系列相关书籍。通过各种努力，韩国人对大历史的认识取得了飞跃式发展。

“少年图文大历史”系列丛书的出版将成为韩国中学以及大学里学习研究大历史体系的第一步。我坚信韩国会成为大历史研究新的中心。在此特别感谢地球史研究所的赵智雄教授和金书雄博士，感谢为促进大历史在韩国的发展起先驱作用的李明贤教授和张大益教授。最后，还要感谢“少年图文大历史”系列丛书的作者、设计师、编辑和出版社。

2013年10月

大历史创始人　大卫·克里斯蒂安

David Christian

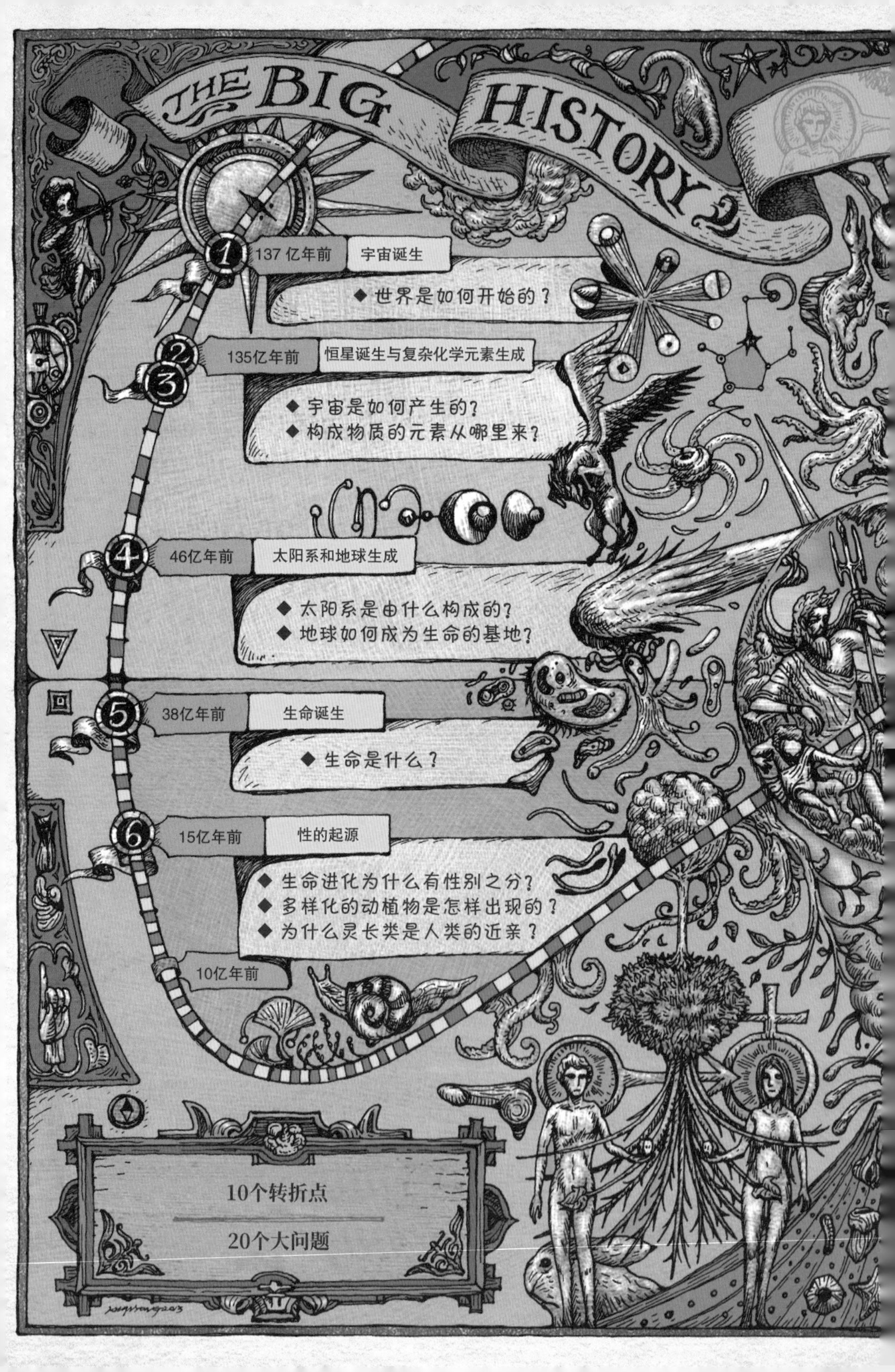
THE BIG HISTORY
1 137 亿年前 宇宙诞生
◆ 世界是如何开始的？
2 3 135亿年前 恒星诞生与复杂化学元素生成
◆ 宇宙是如何产生的？
◆ 构成物质的元素从哪里来？
4 46亿年前 太阳系和地球生成
◆ 太阳系是由什么构成的？
◆ 地球如何成为生命的基地？
5 38亿年前 生命诞生
◆ 生命是什么？
6 15亿年前 性的起源
◆ 生命进化为什么有性别之分？
◆ 多样化的动植物是怎样出现的？
◆ 为什么灵长类是人类的近亲？
10亿年前
10个转折点
20个大问题

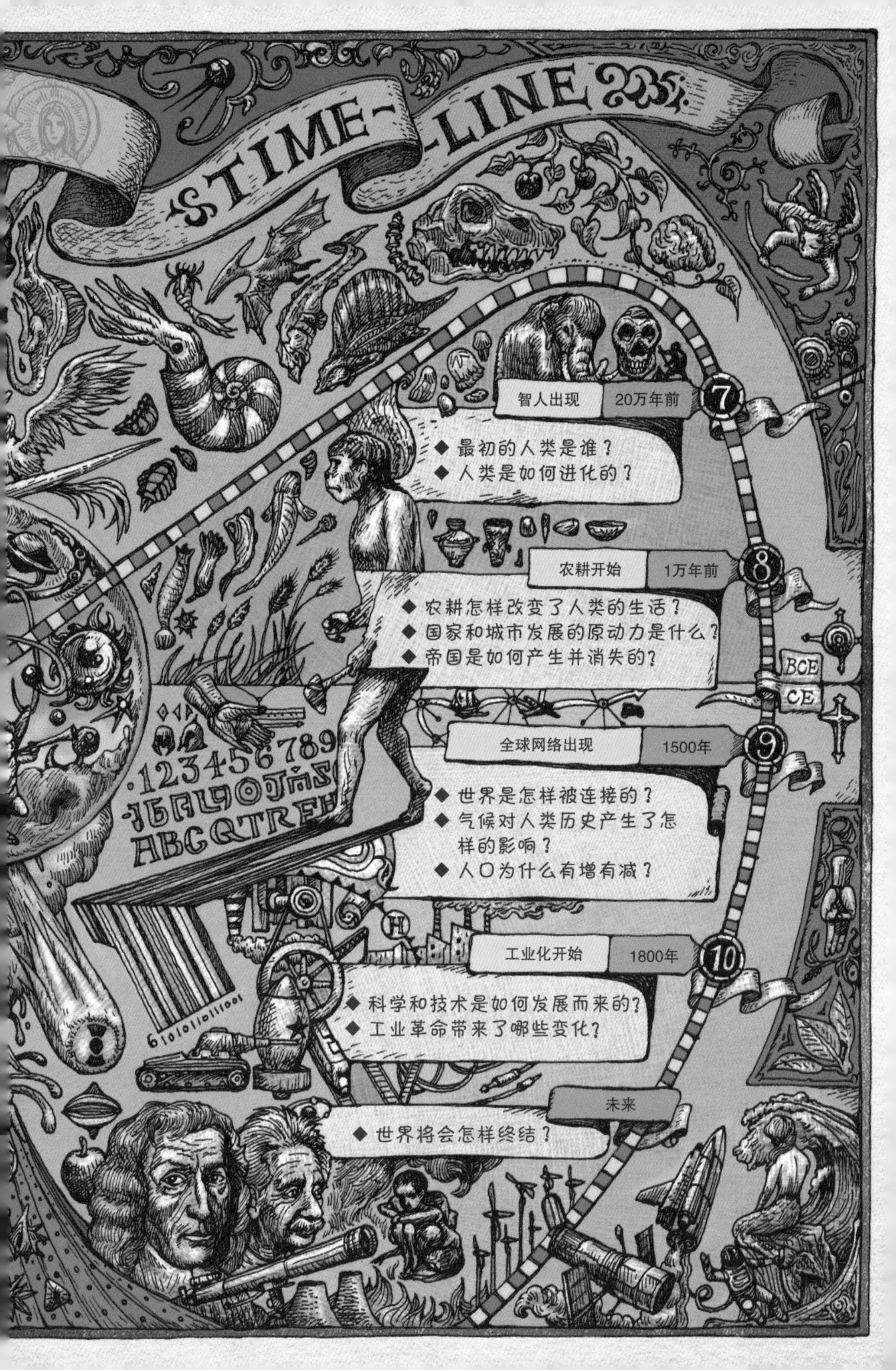
TIME-LINE
智人出现
20万年前
7
◆ 最初的人类是谁？
◆ 人类是如何进化的？
农耕开始
1万年前
8
◆ 农耕怎样改变了人类的生活？
◆ 国家和城市发展的原动力是什么？
◆ 帝国是如何产生并消失的？
BCE
CE
全球网络出现
1500年
9
◆ 世界是怎样被连接的？
◆ 气候对人类历史产生了怎样的影响？
◆ 人口为什么有增有减？
工业化开始
1800年
10
◆ 科学和技术是如何发展而来的？
◆ 工业革命带来了哪些变化？
未来
◆ 世界将会怎样终结？

目录

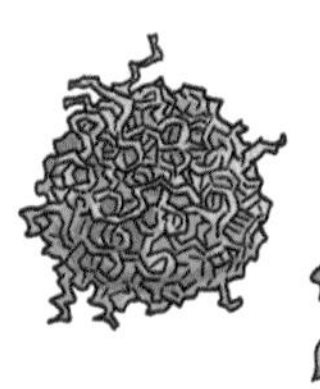

1

生命是什么？

拓展阅读

2

生命是如何开始的?

3

生命运转的原理是什么?

细胞是如何进化的?

拓展阅读

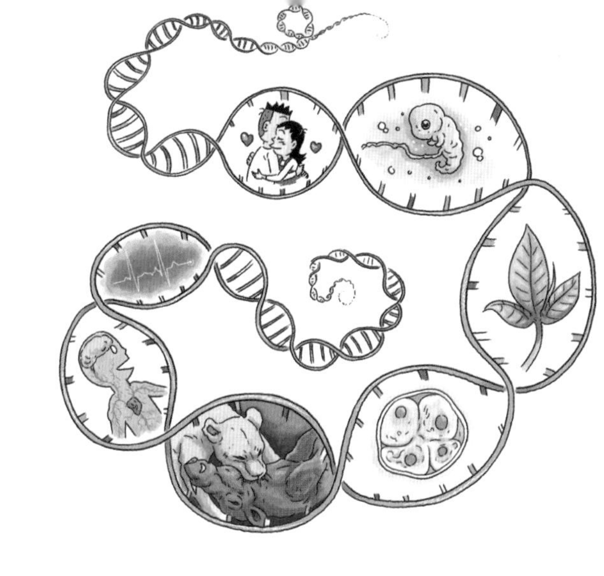

生物多样性的爆发

从生命的诞生到生命的合成

引言　生命是如何开始的

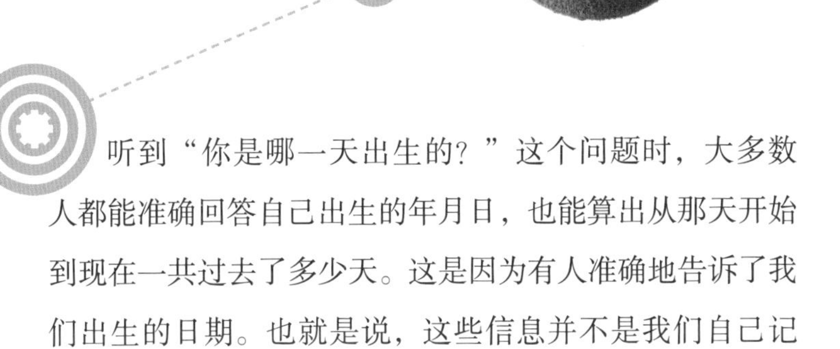

听到“你是哪一天出生的？”这个问题时，大多数人都能准确回答自己出生的年月日，也能算出从那天开始到现在一共过去了多少天。这是因为有人准确地告诉了我们出生的日期。也就是说，这些信息并不是我们自己记住的。

从很早以前开始，人类就在探寻生命体的起源，但一直无法找到确切的依据。我们真的完全无法获知吗？也许生命体最初诞生的日期已无从考证，但是我们从大历史的几个重要的转折点可以看出地球在哪些时段发生过巨大变化。科学家们通过分析远古遗存——岩石和化石，以及遗传基因，对地球生命体留下的信息进行追踪。据此方法，科学家们找到了许多关于“生命是如何开始的？”的线索。接下来，我将对这种方法进行详细说明。

科学家们曾在格陵兰岛上发掘了大约38亿年前的沉积岩，找到了原始生命体的痕迹。为什么可以在沉积岩中找到生命的痕迹呢？这是因为在沉积岩里的磷灰石中，碳12的成分比碳13更多。大气中的碳12和碳13是以一定比例存在的，但生命体更青睐碳13，因此生命体通过生命活动，将碳13以更高的比例与碳12相结合。由于只有生命体才具有这种特征，因此科学家们通过分析岩石成分找出了生命体的痕迹。

还有其他科学家找到了保留着生命体原样的化石。我们很难想象蜻蜓的翼展会有约1米长，但惊人的是，科学家们发现了3亿年前生活在地表、个头有海鸥一般大、翼展约1米的博尔索弗蜻蜓化石。当时到底是怎样的环境，才让如此巨大的蜻蜓出现了呢？科学家们认为，当时空气中的氧气浓度比现在高，生命体能从充足的氧气中获得所需的能量，从而达到如此大的体积。科学家们就是通过这种方式找到过去生命体的痕迹，并以此为基础做推断，找出了有关它们生存环境的线索。

另外还有一些科学家与此不同，他们关注的是遗传基因。这些科学家的研究方式是以现有的生物为对象，调查它们之间的遗传差异，从而推测它们出现的时间，因此他们关注的是分子钟。分子钟具体指在生物进化期间，

DNA 或蛋白质的一部分不断发生变化的现象。据科学家推断，原始物种分离产生新的物种，随着时间流逝，新物种与后代的 DNA 或蛋白质分子之间以一定的速度逐渐产生不同的遗传性变化。

以推测出的遗传性变化为基础，科学家们能对应推测出各物种之间的分化速度。举例来说，血红蛋白可以输送氧气，制造出血红蛋白的遗传基因核苷酸序列每 500 万年会有 1% 的改变。假如两个物种制造血红蛋白的遗传基因核苷酸序列相差了 2%，说明它们是在 1000 万年前分离成不同物种的。科学家们就是利用这个原理，以岩石、化石和分子钟为基础，对已灭绝生物出现的时期和现存生物之间或近或远的亲缘关系（比如人类和黑猩猩的亲缘关系比人类和麻雀的亲缘关系更近）进行调查。

很久以前，人类就开始追寻生命的踪迹，因为他们相信通过这些踪迹就能追溯人类的起源。最初的生命体究竟是如何产生的呢？虽然人们努力想要通过各种假说和实验揭晓这个答案，可是到现在为止依然无法准确推算生命诞生的时间。不过，可以确定的是，在 38 亿年前的原始地球上，出现了一种新生物，它们掌握了生命运转的原理，成为延续到现在的这一生命族谱的起点，并通过进化分化成为更加复杂多样的生命体。

生命体拥有可以自我复制的遗传物质和酶，因此能生出和自己相似的后代，并进一步进化。在生命体的进化过程中，地球上开出了各种各样的生命之花。现在，人类正在通过积累的知识和技术，为了更加美好的将来，进行有关生命的各种尝试。

今后，我们将研究生命的定义和诞生，以及生命体的系统和进化。不仅如此，为了解决人类共同面临的问题，我们将以长时间积累的对生命研究的理解为基础，研究基因工程与合成生物学，对人类的现状进行具体分析。

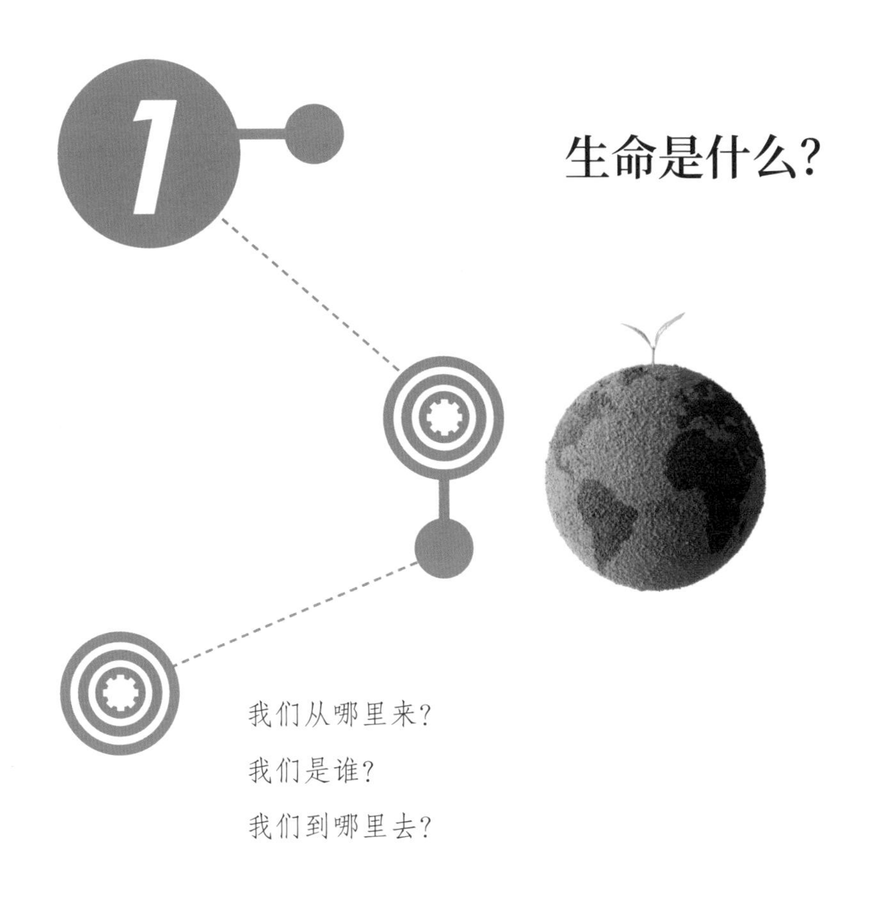

生命是什么?

我们从哪里来?

我们是谁?

我们到哪里去?

这是保罗·高更为自己花费了一年时间，一边思考人生和死亡，一边画出的作品所取的题目。这也是贝纳尔·韦尔贝在有关人类起源的小说——《我们祖先的起源》中，向读者提出的问题。这种根源和本质性的问题体现出人类共同拥有的好奇心。无数艺术家都想要找到这个答案，于是在文化各个方面创造了惊人的成果。

“我是谁？”的这种好奇心来源于“生命从哪里来，到哪里去？”这个问题。理解了生命后，不仅能理解“我”

保罗·高更的作品《我们从哪里来？我们是谁？我们到哪里去？》表现了人类从出生到死亡的过程

的本质，还能指引生命延续的方向。

到目前为止，太阳系里发现有生命体的行星只有一个，那就是地球。你一定很好奇，为什么偏偏是地球？如此浩瀚的宇宙，某个地方会不会存在着其他生命体？为了满足这一好奇心，人类向遥远的宇宙发射了包含人类文明的信号，也对偶尔化作美丽的流星落到地球上的陨石碎片进行研究，努力寻找宇宙中的生命体。同时，过去 50 年里，人类还努力在和地球环境相似的太阳系行星——火星上，寻找生命的痕迹及生命起源的奥秘。我们寻找的生命体究竟是什么呢？

2012 年 8 月，“好奇号”承载着人类对外星生命体的好奇心，经过 8 个多月的宇宙飞行后，终于顺利抵达火星。从“好奇号”机器人发回来的照片看，火星的岩石和地球的岩石十分相似，从地形也能推断出以前曾有过河流

一直以来，人类所进行的宇宙生命体探测大部分都是以地球生命体为中心的。我们一直寻找的是有着人类认可的“特征”、符合人类标准的生命体。从这个标准来看，美国发射的“好奇号”发回来的火星照片，在令人惊叹的同时，也使得人们对神秘火星生命体再次抱有了巨大的期待，因为我们在火星表面发现了一些与地球相似的特征。人类能在火星上找到科学家们所期待的有关生命体的证据吗？

可是，地球以外的宇宙生命体的外表和生存方式可能和地球生命体完全不一样，还有可能超越了我们的想象，甚至有可能与科学家们所描述的生命体特征完全不相符。尽管如此，我们依然需要以现有的科学依据为基础，对生命进行定义。可能会有别的证据和反对意见将这个定义完全颠覆，但人类的集体认知本来就是通过思维体系的不断迭代发展而来的，因此整理概念并非毫无意义。

更何况，对生命下定义比我们想象的更难。因此，下“定义”，代表它要毫无例外地适用于所有方面，但生命本身就是个例外，它是通过进化而来的。让我们详细分析一下。

我们能够定义生命吗？

我们通常把有“生命”的物体统称为“生命体”。

那么“拥有生命”，也就是“活着”意味着什么呢？很久以前，就有无数科学家和哲学家尝试用自己的方法定义“生命”，可是至今为止依然没有找到一个让所有人都同意的准确答案。

我们总是认为我们可以轻松区分生命和非生命，但如果根据词典上生命的含义来看，这个界限会变得非常模糊。首先来看一下词典中对生命和生物的定义。

生命 生物体所具有的活动能力。

生物 自然界中所有具有生长、发育、繁殖等能力的物体，能通过新陈代谢作用跟周围环境进行物质交换。动物、植物、真菌、细菌和病毒等都是生物。

生命现象 出现在活着的生物身上，且只属于它们的固有现象。

活动 动物或植物为维持生命现象，积极进行某种活动或作用。

生 拥有生命。

从以上内容可以看出，未能被定义的单词在相互定义。与之相比，我们再来看看“基因”这个单词在词典中的定义。

基因 生物体遗传的基本单位。它以一定顺序排列在染色体上，通过生殖细胞将父母的遗传信息传递给后代。它的主体是 DNA，通过 RNA 对细胞内部合成的蛋白质进行分类。

与生命的定义相比，有关基因的解释要具体许多。然而人类对生命已经探索了数百年的时间，发现基因不过几十年，生命的概念到底为什么如此模糊呢？

这是因为生命具有多样性和意外性。就算召集生物学领域最权威的专家们一起给“生命是什么？”这一问题下定义，也可以立刻找出不符合该定义的生命体。因此，如果将这些例外一一包括进去，会出现一个问题，便是生命的共同特征不仅仅出现在生命体身上。例如，将生命定义为“进行物质交换并且会运动的物体”。当然，大部分生命体都具备这种特征，可是汽车也在进行燃料和二氧化碳之间的物质交换，并且会运动，我们能说汽车也具备生命的特征吗？

由此可以得出，我们之所以很难定义生命，是因为生命的运作原理是不断进化的，而进化是由偶然变异所导致的。所谓定义，是指明确的概念，将其与不符合该概念的事物相区分，因此不允许出现例外。可是，生命的运作原理本身就是因偶然发生的变异而进化，例外是一定会存在的。所以，科学家们在讨论“生命是什么？”的时候，不是讨论生命的定义，而是罗列生命体之间的共同特征，其中最具代表性的特征是以下两种。

通过自我复制创造与自身相似的后代

所有生命体都要进行自我复制，也就是说生命体会创造出与自身相似的后代，并将自己的信息遗传给后代，这时使用的媒介是 DNA。这意味着所有生命体都有 DNA，并把自己的信息储存在其中，再传给后代。

类似草履虫或变形虫这种无性别、无性繁殖的物种，由于不会发生突变，因此在自我复制的过程中，父母与后代的 DNA 信息是一模一样的。但是，像人这种有性别、有性繁殖的物种，在形成生殖细胞的过程中，

火星上有生命体吗？

1976 年，火星探测器“海盗号”为测试当地有没有生命活动发生，进行了有关新陈代谢的实验。如果结果显示有新陈代谢活动发生，就说明这个地方有生命体存在！首先，通过（1）测试是否有生物进行光合作用，这是最具代表性的新陈代谢形式。实验中提供了光合作用所需的光、二氧化碳和一氧化碳。使用的碳元素是具有放射性的同位素碳 14。如果有生物在进行光合作用，（2）中将发现具有放射性的有机物（指通过生命活动产生的高分子碳化合物，包括碳元素在内的碳水化合物、脂肪和蛋白质等物质）。（2）和（3）能检测出是否有通过分解放射性营养物质获得能量以进行新陈代谢的生命体，如果有生命体进行细胞呼吸，（2）中的放射性营养物会被分解为放射性的二氧化碳，（3）中的氧气减少，二氧化碳增加，导致气体构成比例有所变化。“海盗号”的实验结果显示有多种化学反应发生，但是得出的结论却是这很难证明有生命体在进行新陈代谢。不过，火星的环境与地球大不相同，假设那里的生物进行新陈代谢的方式与地球生物一样，这本身不就是片面的吗？因为说不定火星上有不一样的物质在以不一样的形式进行新陈代谢。

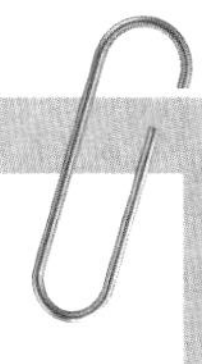

“海盗号”新陈代谢实验

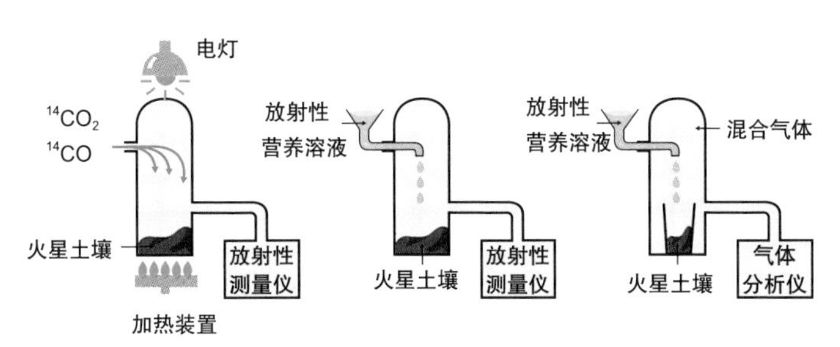

（1）加入放射性气体（$^{14}CO_2$、^{14}CO）后置于光照下，静置一段时间后，将放射性气体排出，加热土壤，使用放射性测量仪测量。

（2）加入放射性营养溶液，然后测量变化。

（3）一边加入放射性营养溶液，一边利用气体分析仪测量气体成分比例的变化。

DNA的组合形式会有很多种，这使得后代也变得更加多样化。它们从父母的生殖细胞——精子、卵子中分别获得一个能决定某种特征的遗传基因，组成一对；产生后代的时候，也是通过生殖细胞，将自己的一对遗传基因中的一个遗传给后代。由于被遗传的基因是在生殖细胞的形成过程中随机决定的，因此后代的遗传基因也具有多种组合方式。这也大大增加了物种遗传的多样性，帮助有性生殖的物种最终适应环境，从而完成进化。

物质与能量的变化，新陈代谢

我们每天早上起床、洗漱、吃饭，去学校学习，和朋友们开心地玩耍。跑步时会出汗，不小心摔倒后留下的伤口会长出新肉。生物体需要通过不断交换物质与能量，才能进行以上活动。有时会通过吸收营养物质合成自身需要的物质，有时会将营养物质分解，从而产生能量。与此同时，还要把体内的废物迅速排出。生命体合成物质（合成代谢）或分解物质（分解代谢）的化学过程就是新陈代谢。这个过程中总是伴随着能量的吸收与排出。新陈代谢还需要蛋白酶的帮助，它会减少化学反应消耗的能量，加强生命体体内的反应效果。

38 亿年前，地球上滚烫的熔岩凝固了，也没有了小行星的碰撞，于是出现了进行“自我复制”和“新陈代谢”的“某种生物”，这是地球上从未有过的新特征。虽然诞生的起点和过程还没有被揭晓，但确确实实出现了一种新生物。“生命体”是很单纯的。不是只有结构又大又复杂，会呼吸、会发芽的才是“生命体”，就算是物质结构简单，只要能进行“自我复制”和“新陈代谢”，都可以算是生命体。比如，在历史长河里，单一的蛋白质也算是一种“生命体”，它们也是复杂生物进化的起点。如果在火星上发现了某种进行自我复制和新陈代谢的物质，也许就会传来科学家们终于发现了外星生命体的消息。

过去，炼金师们尝试把铜和铅这些廉价金属变成金，虽然全都失败了，但是他们的努力为初期化学奠定了基础，并为实验工具的发展做出了贡献，这是不可否认的事实。

像炼金师一样沉迷于创造生命的科学家就是生命工程学家。有许多生命工程学家正在尝试把混合的物质变为生命体。当然，我们这里所说的生命体是指具有前文所说的新陈代谢和自我复制功能、结构简单的物质。可是，就算结构再简单，在实验室里创造生命也不是一件简单的事。未来还会经历无数次失败，最终能否成功也还是个未知数。但是和炼金师们做出的贡献一样，这些科学家所做的尝试和经历的失败可以加深我们对生命体的理解，这个过程不也是很有意义的吗？

为什么偏偏是地球？

在地球以外的某个地方存在其他生命体的可能性有多大呢？在银河系中，与地球环境相似的天体，即具备适合生物居住条件的“假地球”，据说有几十亿到几百亿个；

而在宇宙中，这样的银河系还有几千亿个。宇宙的大小远远超乎我们的想象，在地球生物以外存在生命体是很有可能的。因此，作家们才会通过创作新奇的电影或小说来抒发他们对外星生命体的好奇心与想象。

但可惜的是，到目前为止，还没有找到能够证明外星生命体存在的证据，太阳系里被证实有生命体存在的星球也只有地球。

既然如此，太阳系里有那么多行星，为什么偏偏是地球呢？又到底是为什么生命体只存在于地球上呢？

46 亿年前，和所有刚诞生的行星一样，地球的温度非常高。滚烫的岩浆汇聚成海，没有水和氧气，小行星和陨石在不停冲撞地球。地球的环境极度恶劣，没有任何生命体可以生存。但是大约从 40 亿年前开始，陨石的冲撞逐渐减少，地球慢慢变成了现在的样子。

原始地球就像一个沸腾的熔炉，温度很高。在冷却的过程中，地球慢慢分成了几层。重金属元素镍和铁聚集到中间，在最里层形成了固态的内核，边缘部分除了镍和铁之外，还掺杂了一些氢元素和碳元素，形成了液态的外核。外核具有流动性，通过对流运动在地球外形成了一层磁场，使地球变成了一个巨大的磁铁。这个磁场能折射太阳的能量，防止它直接冲击地球，保护地球不受太阳风暴和辐射的伤害。地核的外面一层是高温的地幔，同样具有

有关外星生命体的电影

《异形》是一部以寄生在人体中、威胁人类安全的奇异恶心的外星生命体为题材的电影。1979 年上映后，它深受观众好评，之后拍摄了续集。《超时空接触》翻拍自天文学家卡尔·萨根的小说，他因 BBC 播出的纪录片《卡尔·萨根的宇宙》而被大众熟知。正如电影里的台词所说的，“在如此浩瀚的宇宙中只有我们存在，是一种空间浪费”。这部电影寄托了科学家对未知外星生命体的美好想象。比起描述外星生命体的外貌，这部电影将焦点放在了人类发现外星高等生命体后，地球上的人类将面对的社会、宗教方面的问题，并向观众提出了有关“生命是什么”“我们应该如何生活”等具有科学性和哲学性的问题。

《异形》(左)和《超时空接触》(右)以有趣的方式表现出对外星生命体的想象

地球的内部结构

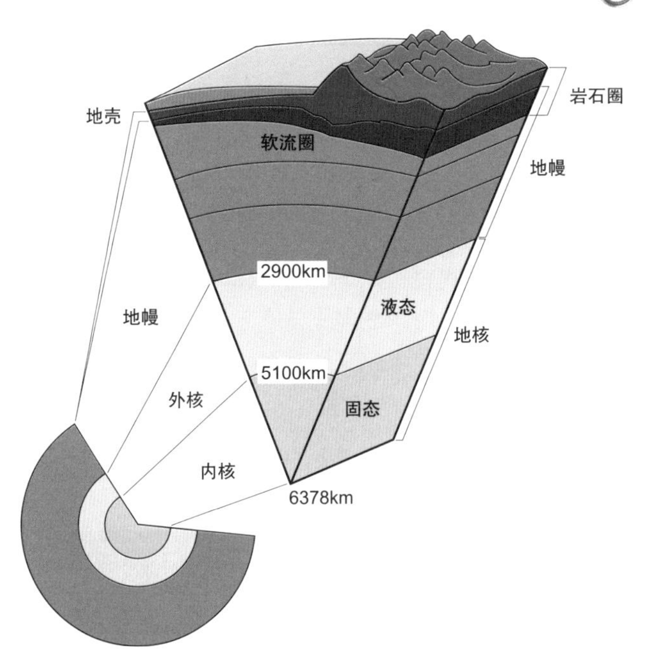

通过间接研究和观察结果总结出的地球内部结构。从地壳开始，越接近地核，密度越大。地核是由重金属构成的，内核呈固态，外核呈液态。地核与地壳之间具有流动性的部分被称为地幔，地球表面是一层坚硬的地壳

流动性，会进行对流运动。最外层是由质量较轻的玄武岩和花岗岩形成的坚硬的地壳。

受地球重力影响，地球上质量最轻的气体无法飘往宇宙，从而形成了包围地球的大气。从那以后，地表温度降低，大气中的水蒸气液化，原始地球上大量降雨，形成了原始海洋。因为降雨之后，地球上才形成了生命体生存的环境。

天气冷的时候，我们会主动靠近暖炉，但是靠得太近会被烫伤，离得太远又感觉不到温暖。只有保持适当的距离，才能在寒冷的天气里保持身体的温暖。与此同理，生命体也需要适当的条件才能生存，这个适当的条件被称为金发姑娘条件。像地球一样满足金发姑娘条件的地方被称为生命体的“宜居带”。

金发姑娘条件

来源于英国的传统童话故事《金发姑娘和三只熊》，形容条件适当。在大历史中，金发姑娘条件指的是新现象或新物质产生的前提条件。

那么，让我们一起来看看地球上有哪些促使生命体诞生的金发姑娘条件吧。首先需要适量的能量，我们把太阳当作前文中所说的暖炉，生命体需要吸收太阳的能量，才能进行新陈代谢，以维持

岩浆海

小行星冲撞

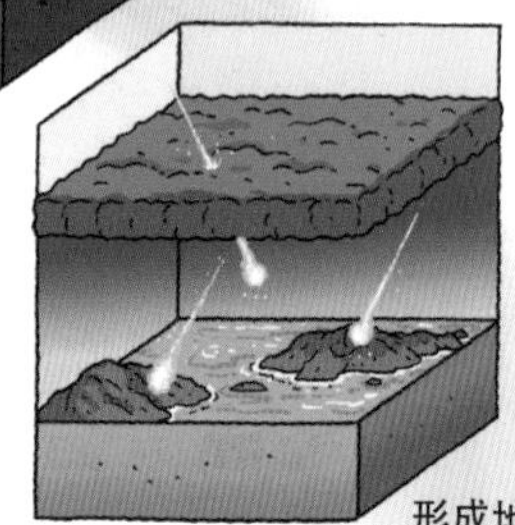

形成地壳

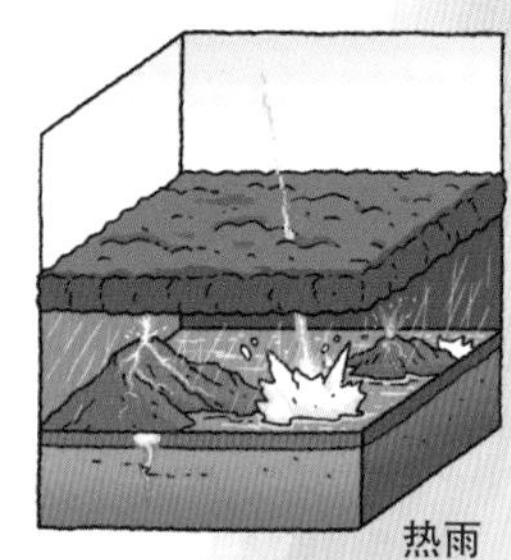

热雨

晴朗的天空

生命体宜居带

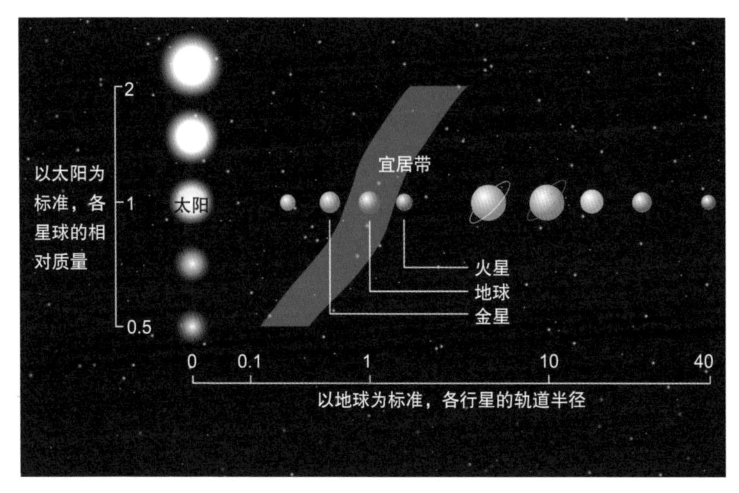

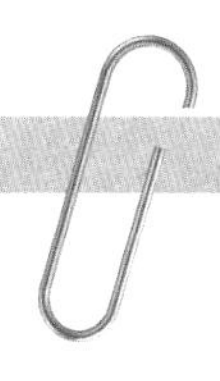

生命体的宜居带是根据星球大小和行星轨道半径决定的。在这个范围内，可以接收适量的来自其他星球的能量，并且要有液态水存在，满足金发姑娘条件

生命。但是，过多的能量反而会使生命体燃烧，因此生命体的“宜居带”必须是和太阳保持不远不近的“最适当的距离”，能获得适当能量的地方。生命活动必需的“液态水”也是生命体诞生的金发姑娘条件之一。地球必须和太阳保持一定距离，才能把温度维持在水可以以液态存在的 0~100 摄氏度。为什么一定是液态呢？因为熔化某种物质后，搬运时需要流动的液体。生命体诞生

的最后一个条件是要有能构成生命体的丰富元素。满足以上条件的“宜居带”里包括“地球”，如果地球距太阳比现在近一点或远一点，或是太阳的质量比现在重一点或轻一点的话，生命体诞生的地方就不会是地球，而是其他行星了。

宇宙诞生之后，不仅是地球，所有天体都在变老，就连为地球提供能量的太阳也是如此。目前处于主序星阶段

生命能量的来源，太阳

地球上的生命体需要不断吸收太阳能量，才能进行生命活动。包括植物在内的光合细菌利用太阳能量创造出有机物，其他大部分生命体都可以利用储存在其中的能量来维持生命。另外，通过光合作用吸收的太阳能量，增加了生命体可使用的能量总量，且能促使生命体的形状、大小等变得更加多样，从而形成了现在我们所看到的生态系统。

太阳作为地球生命活动的能量来源，它的能量能用多久呢？太阳诞生于原始气体云，现在处于主序星阶段。在太阳中心的氢原子核通过核聚变生成氦原子核的过程中，产生了大量能量。这些能量到达地球后，成为生命体维持生存的能源。星球的质量越大，氢聚变的时间越短，如果质量达到了太阳这种程度，核聚变的反应时间会持续大约100亿年。氢聚变结束后，压力减小，岩心收缩，太阳会慢慢膨胀，变成一个发着红色光芒的红巨星。如果太阳变成红巨星，水星、金星、地球以及火星都会被太阳吞噬。如果红巨星继续膨胀，会化作中间是白矮星的行星状星云，结束一生。这将在大约50亿年后发生。

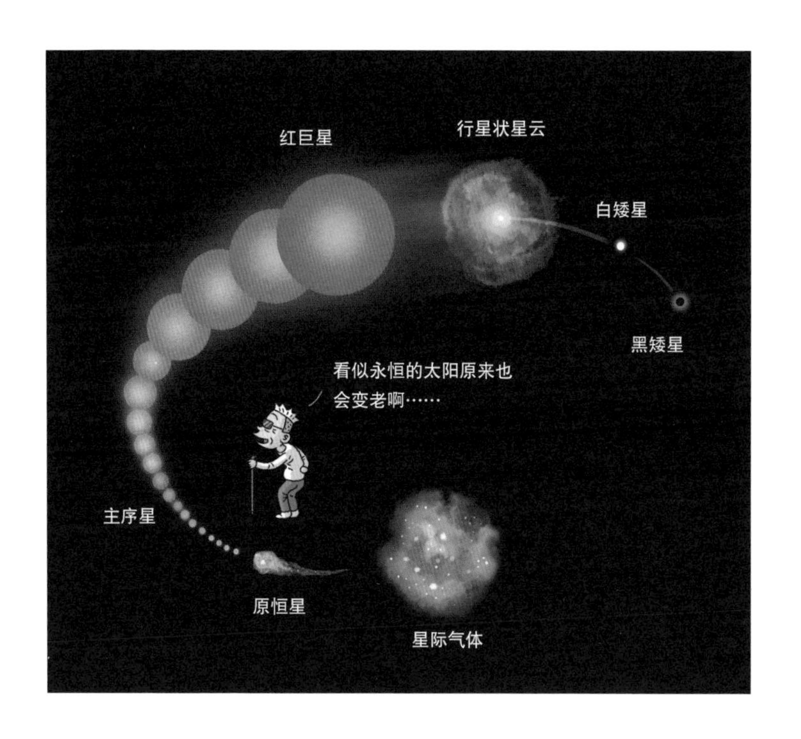

的太阳将在50亿年后逐渐变为红巨星。随着太阳与地球之间的距离变小，太阳系中适合生命体居住、满足金发姑娘条件的行星也会有所改变，那时地球将不再是生命体的“宜居带”。

为应对如此骇人的未来，科学家正在探索宇宙中与地球相似的行星（可以居住的外界行星）。电影

主序星阶段

与太阳质量相似的星球在诞生后，停留时间最长的阶段就是主序星阶段，它们通过氢聚变生成能量。这个阶段就像人的青年期，能量充沛、精力旺盛，也是最稳定的阶段。

《星际穿越》中为寻找人类新家园所做出的努力，科学家在实际生活中也在进行。当然，以现在的科学技术来看，就算发现了与地球类似的星球，也不可能像电影中那样去探测，或实行人类大迁移。但是，从近100年科技发展的速度来看，未来的事还难以预测。就像30年前我们也很难预料到如今会使用智能手机一样。

看待生命的观点

人类的灵魂也有重量吗？1901年，美国一位名叫邓肯·麦克杜格尔的医生公布了死人体重变化实验的内容。在他的研究中，人们发现了惊人的现象：人死时除去自然减少的体重，还另外减少了21克。麦克杜格尔认为那是灵魂的重量，这在当时颇具说服力。不过，现在大部分科学家认为那是当时笨拙的科学家在测量体重的过程中产生的误差，只把它当作一个微不足道的笑料。

从很久以前开始，人们就相信生命拥有物理知识无法解释的神秘力量和灵魂。虽然这些东西看不见，也没有被证实，但这是他们为了探索不可思议的生命而做出的自我选择。随着科学不断发展，物理学家试图用物理定律解释生命活动。生命活动究竟是根据什么物理定律进行的呢？

首先，看一下构成生命体的物质有哪些。外形酷似唱片的土星环是由水结成的冰构成的，我们的身体中 70% 都是水，构成身体的水和构成土星环的水是同一种物质。和宇宙中的其他物质一样，构成生命的元素是由宇宙的诞生和星球的一生所创造的元素（主要是碳、氢、氧和氮）构成的。也就是说，构成身体的元素和构成土星环的元素来源相同，包括地球上丰富生命体在内的世间万物都是由这些元素相结合而构成的。那么，支配元素物质世界的物理定律同样适用于生命活动吗？

物理学家薛定谔在《生命是什么》一书中，第一次尝试用物理定律解释生命现象。这有一个前提条件，物理

扩散现象

墨水在水中扩散是分子从高浓度区域向低浓度区域转移，直到均匀分布的现象

定律体现的是构成物质的原子在某些条件下如何行动的趋势。以“趋势”这一现象为例，在有水的杯子里滴一滴墨水，用不了多久，墨水就会均匀地扩散到整杯水里。之所以会这样，是因为当浓度不同时，粒子会从高浓度区域移动到低浓度区域，这种现象叫作“扩散”。扩散不是粒子有方向地移动或自主性移动，而是各粒子单独随机地往各个方向移动。只是因为从高浓度区域移动到低浓度区域的粒子数量比较多，所以看起来好像是粒子整体从高浓度区域移动到低浓度区域，最终均匀分布开似的。

所谓物理定律不是指所有原子的共同行动，而是指大体上的走向及形式。因此，如果原子数量较少，则出现行动违背走势的原子的概率，也就是误差率会增大；如果原子数量很多，则平均误差率会变小。由于生命体内的原子数量很多，因此生命现象与物理定律相符的程度很高。薛定谔也提出了一个前提：由于生命体的大小比原子大很多，生命现象也以十分低的误差率适用物理定律。

可是，薛定谔很快遇到了一个问题，那就是生命现象违反了最普遍的物理定律——熵定律。熵具有随机度和不规则性，所有现象都会面临熵值增加，最终变成最大熵的状态（随机度无法继续增加），这被称为热力学第二定律。在前文所举的例子中，过一段时间后，杯子里的墨水浓度会变均匀，不会继续产生任何变化，我们将这种状态称为热力学的平衡状态或最大熵状态。对生命体而言，最大熵状态就意味着死亡。

但生命现象与熵定律不同，它是有序地达到最大熵状态，也就是延缓死亡。生命体在出现伤口后，能愈合伤口，合成新的物质，复制 DNA，以阻止熵值增加。虽然薛定谔没有解释为什么会出现这种违背普遍物理定律的生命现象，但他预言，人们总有一天不会再将此理解为生命力或活力等神秘力量，而是通过一种物理方式对其进行解释。

继薛定谔之后，舍恩海默以生理化学的方式解释了生命。以人体为例，我们体内的分子每一天都不一样，大多数人都以为身体会一直保持原样，不会被分解，但实际上，人的身体不断在分解、排出，并重新摄入新的营养物质。也就是说，我们体内的所有部分都在不断交替。过不了多久，我们体内的分子就变得和以前完全不一样了。因此在我们的体内，同时进行着通过分解增加熵值和通过新旧交替的合成确立秩序的过程。舍恩海默将这种新分子进入体内、同样多的旧分子被排出体外的一系列过程称为“动态平衡”，并将生命定义为处于动态平衡状态的流体。

杰里米·里夫金认为，虽然生命现象看似违背了熵增

随机度是什么？

简单来说，随机度就是没有秩序的状态，指随机的程度。比如一个书柜，如果按照作者、主题或书的开本大小整理好了，则它的随机度较低，如果是胡乱摆放的，则随机度较高。自然界中发生的现象大部分都没有目的或意图，而是随机发生的。但这些随机现象中又透露着某种趋势，这种趋势是指变化出现在熵值增加的方向。熵定律中随机度无法继续增加的状态意味着达到了最随机的状态，我们将其称为熵值达到了最大值。熵增现象在封闭系统（与外界没有物质交换，但有能量交换的世界）中只会增加，不会减少。

定律，但只是有一部分看似违背。实际上，为了维持生命现象所增加的熵值量更大，因此总的熵值依然是增加的。

生命体与物质是由相同元素构成的，且遵循物理定律。但生命与物质不同的地方在于生命是在随机中不断创造出秩序。不论是用摄取的营养物质构成身体还是制造出

薛定谔与分子生物学的诞生

物理学家薛定谔因发现薛定谔方程式，为量子力学的发展做出了巨大贡献，但很少有人知道他写了一本名叫《生命是什么》的书，更不知道这本书为分子生物学的诞生奠定了基础。薛定谔认为，生命现象出现在由大量原子构成的有机体身上，因此它的原理一定是符合物理定律的。他还提出了遗传基因将自身的信息作为暗号，储存在染色体中心的纤维中这一假说。受他的想法启发的人开始研究生命的物理单位，随后发现遗传信息储存于 DNA 中，从而促使分子生物学诞生。1953 年，沃森和克里克读过《生命是什么》后开始研究遗传基因，发现了 DNA 的双螺旋结构，证实了薛定谔的预言。

在科学史上，很少有人跨出自己的专业领域，去开拓新的领域，尤其像物理学家提出携带遗传信息的复杂分子概念的情况更是罕见。薛定谔在《生命是什么》一书中主张的生命原理虽然并没有被全部证实，但从他的想法获得启发的许多研究，为现在研究生命奥秘提供了决定性的线索。

携带遗传物质的DNA，都是生命体创造秩序（降低随机度）的能力。不管这种能力能否用物理或化学知识解释，它都是生命体的固有特征。因此，仅通过原子，以物理或化学知识解释生命的“还原主义”，是很难理解生命的。并且，我们还要考虑低级阶段不具备的特征在高级阶段出现的涌现性质。

涌现性质

在层次系统中，上一层次单元所具有的构成其下一层次单元所不具有的某些性质。

我们会迎来揭晓所有原理的那一天吗？薛定谔认为，凭借人类的探索能力，总有一天我们会完全理解生命的结构与功能，但理解它是怎么出现的这件事已经超出了人类的能力。正如他所说，尽管人类已经研究出了99.99%的遗传信息，但依然不知道我们的意识和想法是如何形成的。但是，人类对复杂神秘生命体的研究不会停止。

还原论与有机论

1+1=2是非常简单的数学命题，一个加上一个变成两个这件事是毫无疑问的。哲学家与科学家要想理解复杂的问题或结构，必须先从构成它们的最简单的单位开始理解，进而才能理解整体，这是一种属于“还原论”的方法论。不论是社会科学家韦伯主张的国家只是个人的集合体，还是理查德·道金斯在《自私的基因》中主张的所有生命活动都能用组成生命体的基因来解释，这些主张都属于还原论。

在实际生活中，用还原论将社会科学现象分解为简单问题进行解释，似乎是一个解释复杂现象的有效方法，并适用于所有现象。尤其是在生命科学领域，他们认为还原论可以通过基本的物理定律或化学理论来解释生命。一直以来，人类都是以还原论的观点对人体进行研究，并解释生命体的特征。这样研究的结果是加深了对包含生命体信息的遗传基因的理解，并由此揭晓了父母和孩子外貌相似的遗传原理，攻克了多种疾病。

这种还原论之后发展成了机械论，认为生命如同装了发条的机器。机械论认为生命体，更广泛地说是认为自然是一个机器，自然界的每个人都像机器零件一样可以随意制造和更换。从机械论的角度来看，制造必要的生命体和制造必要的物品没有本质区别。

但实际上，只凭这种还原论是无法解释生命体的，它们所具备的特征，远远超出了各部分的简单相加。在强调协作的时候，常说“整体大于部分之和”，生命体也是一样。分子构成细胞，细胞构成组织，组织构成器官，器官构成生物体。每进一个阶段，都会出现前一个阶段所没有的新特征，这就是涌现性质的特征。根据每个组成部分在前一个阶段是如何构成结构、如何相互作用，都会出现不一样的新特征。最容易理解的例子就是人类的大脑。正如薛定谔所说，目前利用物理或化学理论知识解释人类的想法或记忆是不可能实现的。想法和记忆是通过神经细胞之间巧妙的相互作用所产生的一种涌现性质特征。

《逃出克隆岛》是一部有关为人类提供必要器官而制造克隆人的电影，影片对根据需要，连人类也可以像机器零件一样被随意利用的机械论进行了批判

生命体如果被分解，作为生命体的功能和特征就会消失。如果将构成大脑的神经细胞一一分解，研究结果会有所不同吗？结果表明，仅凭单个细胞完全无法了解大脑的记忆和思考功能。就算把一个细胞的分子拆开研究，也无法解释细胞的功能。因此，只凭还原论解释生命是有限的。

能克服并改善这个缺点的另一个观点是“有机体论”。并不是各个组成部分造成了某种现象，而是由于组成部分之间的相关性很高，仅凭个体是无法解释整体的。“有机体论”认为，研究生命现象时，会出现物理或化学定律都无法解释的情况，这是因为出现了只有整体才具备的新特征。

生命是什么？要想完全理解这个问题，我们不能以某一个观点看待生命，因为我们很难掌握生命的复杂和总体特征。我们在理解构成生命的各个组成部分时，还要看到有机体各组成部分之间的相关性。

地球是个巨大的生命体？

38亿年前，地球上首次出现生命体。从那以后，地球的气候与环境也在随着生命的进化而不断变化。假如我们能乘坐时空机器一窥100年后的未来，那时的地球会是什么样子呢？

如果继续像现在这样消耗化石燃料，可能不到100年，能源就会耗尽。由于人类的盲目消耗，大气中的二氧化碳浓度逐渐升高，因全球变暖而导致的气候异常现象会变得更加频繁。这样下去，也许在某个瞬间会突然出现冰期，人类文明将踏上灭亡之路；或是人类再也无法忍受环境污染，从而找出了与生态界其他物种和平共处的方法，人类将走上共存之路。

最近，随着地震、海啸、暴雪、寒潮等异常气候现象在世界各地发生，人们对环境也越发关注。有人认为，这种异常气候现象是地球对人类发出的警告，但这来源于地球是活着的这一假说。

据说这次暴雪是地球为了生存所做的挣扎。

没错，如果大雪覆盖地面，大片的白色会反射阳光，

阻止空气温度上升，就可以阻止全球变暖加重。
哇，很厉害呢！

那看来盖亚假说是对的呢，把地球当作一个生命体……

那我们人类只是盖亚的细胞吗？哈哈哈！

盖亚

癌细胞，癌细胞！
这些家伙！

根据盖亚假说，将地球比喻为大地女神盖亚，将地球看作一个巨大的生命体。它是生物与非生物在大气层、土壤、大洋等相互作用下为促进自身进化而产生变化的生命体。比如大气中的氧气浓度维持在一定程度这一现象，如果用盖亚假说来解释，就是地球，即盖亚在利用生物控制氧气比例，维持氧气浓度。

当然，盖亚假说缺少科学依据。绝大多数人认为，这是把地球的部分特征比喻为人类或生命体，它看似科学，实际却是草率地将特征一般化。还有许多人提出要小心这种将自然拟人化的人类中心主义观点的危害性。最重要的是，如果把地球当作生命体，那我们一直以来所讨论的有关生命的概念都失去了意义。而且，人类胡乱破坏环境所造成的环境污染及生态界混乱对人类的生存也会有所影响。这一定会变成人类的一场大灾难。人类应该重新思考自身的定位，不应该成为地球的消费者或支配者，而应该成为地球的组成部分。假如地球无法继续作为人类生存的家园，我们可能就需要放弃到现在为止我们所享受过的一切。

地球上有许多生命体，包括人类。为了与其他生

《星际穿越》中展现了地球荒废的样子。由于地球被黄沙覆盖，无法继续种植庄稼，导致全球性的粮荒，人类将面临灭亡的危机

命体共存，人类都做过哪些努力呢？

当然，大自然并不关心人类的意图。就像台风会来得毫无预兆一般，自然是无情的，它根本不在乎人类为地球做出了多少努力。我们没有必要再加一个威胁我们生存的因素。另一方面，假如我们在大灾难中存活了下来，也必须明白，当万物灭亡后，我们要如何继续生存下去。到那时，与自然及其他生命体共存的方法就是我们的生存方法。

2 生命是如何开始的?

让我们来看看记录着地球上所有生命体的族谱吧。你、你的父母、父母的父母……辈分越靠前，我们越是好奇。地球生命体族谱的第一页，即历史上最早的生命体究竟来自何处呢？它又是如何诞生的呢?

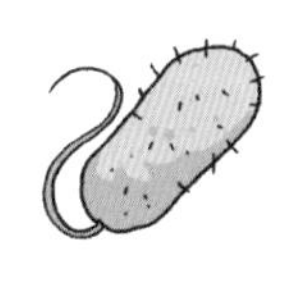

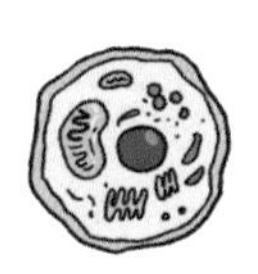

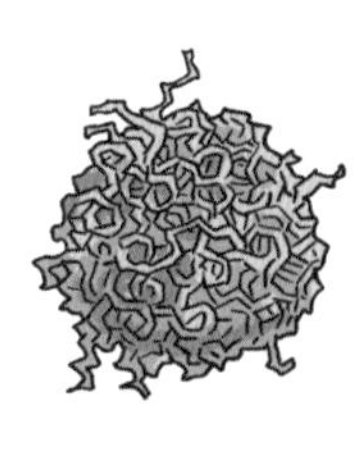

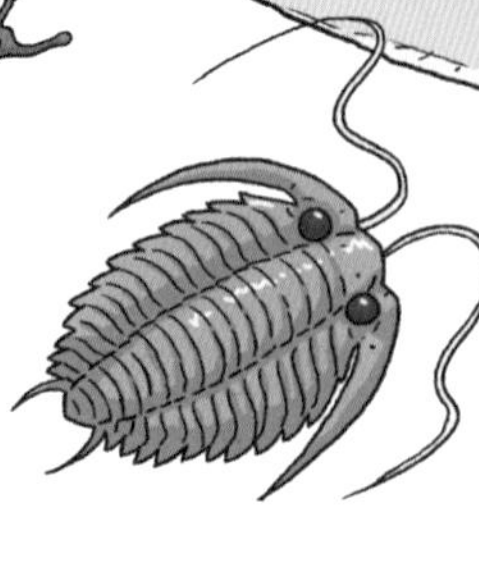

137 亿年前，宇宙大爆炸促使了时间、空间、物质和能量的出现，之后元素出现，构成了包括地球在内的宇宙。由于元素之间的核聚变反应，地球环境也在不断变化。这时，出现了一种特别的有机体，它具备一种新特征，也就是说，出现了会复制与自身相同的物质（自我复制），并且会合成或分解物质（新陈代谢）的最初的生命体。但可惜的是，我们无法回到过去见证生命诞生的场面，所以科学家们只能用最适当的理论进行推测。

在古代，人们认为生命是由神或一种神秘力量创造

创世神话

法国卢浮宫博物馆收藏的希腊时代普罗米修斯创造人类的浮雕

的，也就是说存在创造生命的造物主。根据各民族与文化的不同，造物主的模样也各有千秋。在人们熟知的希腊神话中，宙斯与众神一起创造了人；在北欧神话中，奥丁兄弟杀死的巨人族的血液成为世界的开端。这些“创世神话”也成为多种宗教的起源。

从自然发生学说到生源说

距今 2000 年前，一位青年把一件被汗水打湿的衣服扔进装有粮食的坛子里。几周后，他打开坛子一看，里面居然出现了活老鼠。青年看到这个场景后，开始思考这只老鼠是从哪来的，并和许多人进行了热烈的讨论。

有人把老鼠放进了坛子里。

坛子里自然而然出现了老鼠。

坛子里本来就有老鼠。

坛子破了一个洞，老鼠跑了进去。

在进行了各种推测后，这位青年得出了坛子具有创造老鼠这一能力的结论。假如我们现在面临这种情况，又会得出怎样的结论呢？过去人们一直认为生命体是由一种神秘力量自然产生的，他们相信装有粮食和带汗水衣服的坛子里会产生老鼠，烂肉里会产生蛆。我们将这称为“自然发生说”。听起来很不合理的自然发生说，在接下来的 2000 多年里获得了包括亚里士多德在内的众多学者的支持。

直到 19 世纪，生命力顽强的自然发生说被一个十分简单的实验攻破了，取而代之的是“生源说”。生源说认为，生物诞生于同为生物的父母，证明这一学说的学者是

证明生源说的巴斯德实验

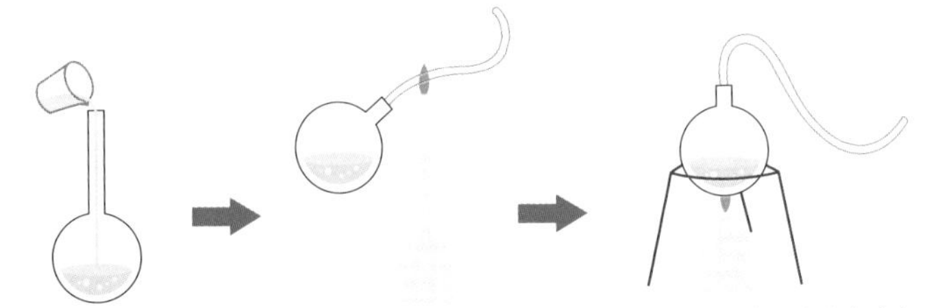

1. 在烧瓶中装入培养液　2. 将烧瓶颈弯曲成 S 形　3. 加热培养液，防止灰尘和细菌进入

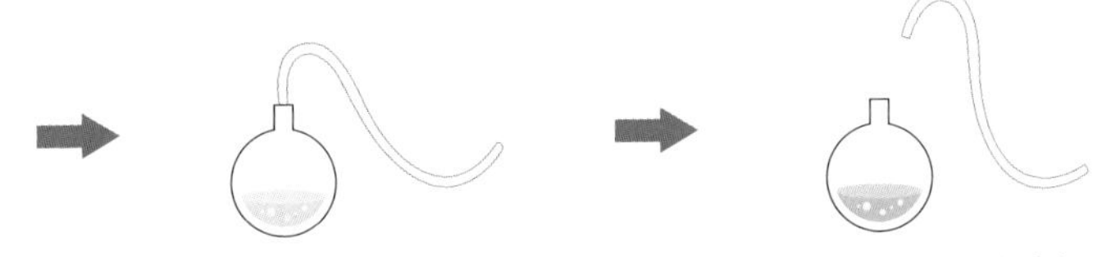

4. 冷却后，静置几个月都不会产生细菌　5. 切断瓶口就会有微生物生长

巴斯德在长颈烧瓶中装入培养液，将瓶颈弯曲成 S 形，加热培养液后静置。过了很长时间，烧瓶中依然没有出现微生物。通过加热培养液这一过程，封锁了烧瓶里出现微生物的所有可能性，S 形的长颈促进了空气流通，阻止了微生物进入

巴斯德。他用一个简单控制变量的实验反驳了普歇的杀菌干草自然生霉实验。

普歇设计的实验是把用杀菌干草做成的粥装进容器，将容器泡在水银里，只注入净化后的空气。实验结果显示，在无法渗入粒子的条件下，依然产生了霉菌。由此，普歇主张空气可以创造生命的自然发生说。但巴斯德认

为，是普歇实验中使用的水银表面的灰尘促使了霉菌的产生，这说明实验中混入了活着的霉菌种子。因此，巴斯德设计了两个实验装置，一个能渗入霉菌种子，另一个不能。实验结果显示，没有霉菌种子渗入的装置中没有出现霉菌。这个实验证明，霉菌不是自然产生的，而是来自空气中的孢子或微生物，从而证实了生源说。

控制变量
除了实验因素（自变量）以外，所有可能影响实验结果并需要进行控制的变量。

原始汤中发生的化学进化

根据生物一定诞生于它的父母这一事实，我们可以提出另一个疑问。假如生物只能诞生于生物，那么现在地球上所有生命体的祖先、最初的生命体是如何诞生的呢？

1865 年，里切尔提出了生命的起源——孢子从宇宙来到地球，促使了地球生命体的出现。但这个主张并没有回答生命起源这一根本性问题，而只是把生命诞生的地点移到了宇宙。同时，还有人质疑由于宇宙射线的存在，生命体不一定

宇宙射线
来自外太空（太阳、银河、超新星等）的高能带电粒子流。

能完好地到达地球。

19 世纪末，达尔文和海克尔对生命起源进行了百般思考后，提出了生命有可能来自化学物质这一观点。20 世纪 20 年代，奥巴林和霍尔丹将化学进化论具体化。他们通过各种实验和研究，发现化学物质经过某种过程后具备了生命的特征，最终进化为生命体。他们还将生命体出现之前的环境形容为“原始汤”。第一个利用有机物维持生命的简单生命体正是源自这个原始汤。

化学进化论的内容是：原始地球大气中几乎没有氧气，只有氢气、甲烷、氨气等还原性气体。这些化学物质相互反应，生成了蛋白质的组成单位氨基酸以及构成核酸的碱基。大气中的氨基酸和碱基被原始地球上连绵不断的大雨溶解，并汇入海洋。之后，海洋中发生的化学反应制造出了更加复杂的有机物。这个时期的海洋里有着丰富的

生源说首先需要解决的问题

最近，由于在宇宙陨石中发现了构成蛋白质的氨基酸，大众再次开始关注主张地球生命体萌芽起源于宇宙的“生源说”。但生源说的缺点依然存在，它没有回答生命起源的问题，只是解释了地球生命是如何被孕育的。这不过是由科学家寻找生命起源的热情而产生的一种可能性。

有机物，也就是我们所称的原始汤。这种原始汤的状态保持了很久之后，有机物周围开始出现一层“膜”。这意味着拥有复制与新陈代谢能力的最初生命体诞生了。

奥巴林和霍尔丹的化学进化论并不为当时的科学家们所接受，因为他们认为只有生命体才能制造有机物。

美国化学家斯坦利·米勒为证明奥巴林与霍尔丹的主张，即无机物在适当环境中通过化学反应能进化为简单有机物，设计了一个模拟原始地球大气环境的实验。实验结

米勒的实验

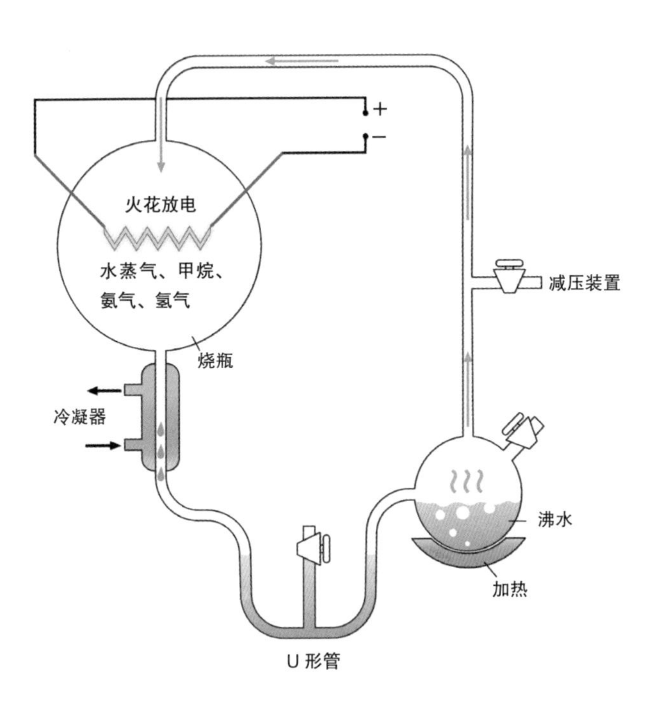

烧瓶内部为模拟的原始地球大气环境，混入了水蒸气、甲烷、氨气和氢气，并利用放电代替当时不断的闪电。实验结果显示，气体里利用放电获得的能量进行化学结合，产生了形态单一的氨基酸，U 形管中聚集了溶解有机物的水

果显示，甲烷、氨气、氢气和水蒸气等无机物中生成了构成生命的甘氨酸、丙氨酸及天冬氨酸等氨基酸，成功在生命体外合成了有机物。在那之前，人们一直以为有机物是

生命体利用无机物制造出来的，只有生命体才能制造出有机物。但是，米勒的实验第一次证实了能在生命体之外生成有机物这一观点。

之后，琼·奥罗设计了一个比米勒的实验条件更简单的实验，结果在只有水、氢氰酸和氨气的状态下，不仅成功合成了氨基酸，还合成了构成 DNA 和 RNA 的碱基。因此，生命体的重要有机物产生于化合物的组合这一事实变得更加确定。

氨基酸是构成蛋白质的基本单位。生物维持生命活动的合成或分解物质的代谢过程中必需的酶就是由蛋白质构成的。碱基能构成 DNA、RNA 等核酸，核酸又被称为生物的设计图，负责储存遗传信息，并将其复制后传给后代。因此，无机物中可以合成氨基酸和碱的这一实验结果，对于推论具有自我复制、新陈代谢能力的生命体来源有重大意义。

不过，米勒的实验有几个局限性。首先是有关米勒模拟的原始地球大气状态的疑问。米勒的实验假设原始大气像木星一样，是由氨气、甲烷和氢气等还原性气体组成的。这种假设是以宇宙中大部分地方都有很多还原性气体这一事实，以及当时还没有出现制造氧气的光合细菌这一化学证据为基础的。但是，之后我们在太阳系行星——金星和火星的大气中发现了氧化性气体二氧化碳。由此科学家们对米勒的实验进行了修正，在烧瓶内加入二氧化碳后重新进行实验，结果显示生成的有机物大量减少，这意味着原始大气的组成物质对有机物的生成有着重大的影响。没有一个科学家能够确定原始大气的状态是怎样的。同时还有人提出，如果假设原始大气中没有氧气，也没有由氧气形成的臭氧层，那么直接照射地球表面的紫外线反而有可能分解有机物。

有机物一直以来都被认为是生命活动的产物，因此即便米勒的实验有局限性，它在证明有机物不是来自生命体、更进一步地揭晓生命体的起源这一点上依然具有重大的意义。

直到不久前，化学进化论一直占据着支配性的地位，但是最近有了一些新的疑问。首先，原始地球太年轻，不足以支持无生物环境中出现的生物并完成进化；其次，虽然米勒的实验证实了在适当条件下无机物能合成为有机物，但变为构成生命体的有机物的过程仍然是个未解之谜。

正如以上情况所示，不论我们怎么讨论生命起源，依然有很多未被证实、未能解释的部分。就像大爆炸产生宇宙的瞬间和物质产生的瞬间，秘密还未被完全揭晓一样，生命诞生的瞬间也隐藏在迷雾之中。科学家们太过渴望找到生命起源，从而提出了各种“假说”，而我们只是暂时将这些“假说”当作事实罢了。其实不仅是生命起源，我们坚信是事实的各种科学理论，也只是人类从经验中学到的，或者是被认为最恰当的一种假说罢了，随时都有可能出现新证据将其推翻。也正因如此，科学才能不断使人产生好奇心。

生活在深海热液喷口的生命体

很可惜，我们无法亲自回到过去，只能通过间接证据观察过去。尤其是通过生命体在当时的各种地质活动中偶然留在底层的化石，我们可以寻找到过去的很多痕迹。其中，目前记录中历史最久远的生命体化石是在岩层中发现的 35 亿年前的叠层石。

叠层石是蓝细菌的生命活动产物通过河沙沉积从而形成的堆积物，通常分布于海边。在海洋底层发现初期原核生物的化石，为科学家们提出的生命起源于大海这一观点提供了巨大支撑。同时，科学家们还在关注生命体起源于深海热液喷口这一假说。

蓝细菌

一类革兰氏染色阴性、无鞭毛、含叶绿素 a，但不含叶绿体、能进行产氧性光合作用的大型单细胞原核生物，也被称为蓝藻。

深海热液喷口位于海洋深处，是因地幔对流，海水流

分布在澳大利亚西部鲨鱼湾的叠层石。上千个高约 50 厘米的石块般的叠层石沿海岸线排列开来，只有最上面几毫米处才有能生成氧气的蓝细菌

入地壳缝隙，并被岩浆加热后，与地球内部的物质一同喷射而出的地方。由于铜、铁、锌等黑色化学物质和水一起喷射而出的样子和烟囱里冒出的黑烟很像，因此深海热液喷口也被称作“海底黑烟囱”。由于这里有丰富的生物资源和金属资源，是未来的能源宝库，因此备受人们的期待。

深海热液喷口

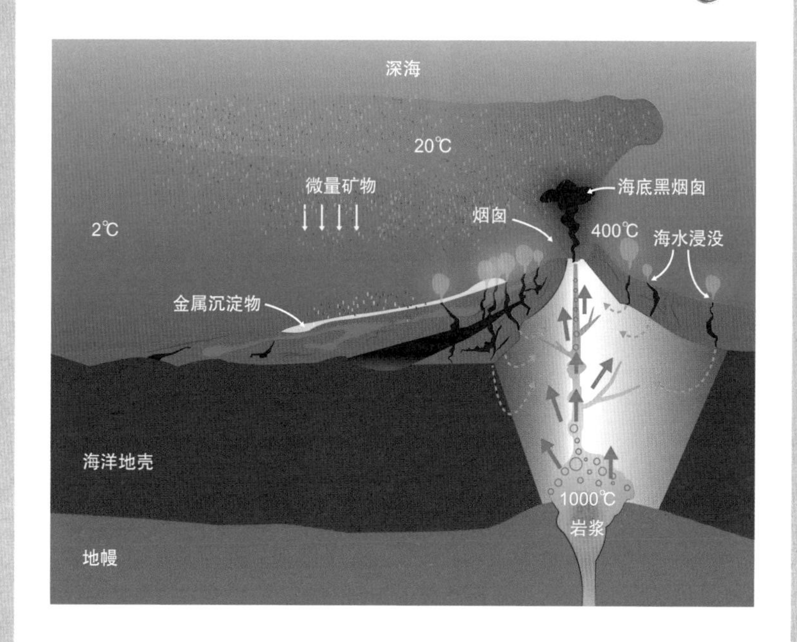

深海里的地壳如果出现缝隙，海水会顺着缝隙流入，被岩浆加热的海水将周围的矿物质溶解，通过对流重新流向洞口，这个地方就被称作深海热液喷口

深海热液喷口所在的地方水温高达400℃，这里不仅有各种重金属物质，还有许多对生命体有致命危害的硫化氢。科学家们曾经认为，在这种环境中不会出现生命活动，但实际上，这里生活着许多进行地面上没有的生命活动的生物，甚至还有人认为最初的生命体就诞生于这些深海热液喷口。

生活在深海热液喷口的生物

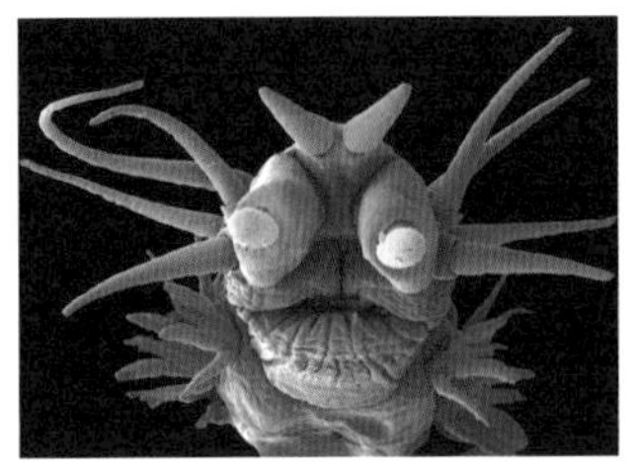

在深海热液喷口捕捉进行化学合成的细菌为食的深海虫（左图），与细菌也是共生关系。同样从细菌中吸收营养物质的管虫（右图），习惯群居生活，当营养不足时，会移动到其他深海热液喷口

他们为什么认为最初的生命体诞生于深海热液喷口呢？首先是因为水。由于水具有溶解性，其溶解的大量有机物可以作为化学反应的桥梁。正如米勒实验中所看到的一样，大气中的化学物质制造出的碱和氨基酸溶于高溶解性的水中，再汇集到原始的海洋里。被岩浆加热到近 400℃的海水也变成了有机物进行化学结合的必要能量源。低分子物质通过化学结合生成大分子物质时，会吸收周围高温海水提供的能量。这种化学反应需要和能量一起催化，而地球内部喷出的各种金属元素可以担任这一角色。正是深海热液喷口的这些条件，为科学家们主张的最初生命体出现于此处的观点提供了支撑。

细胞膜的构造

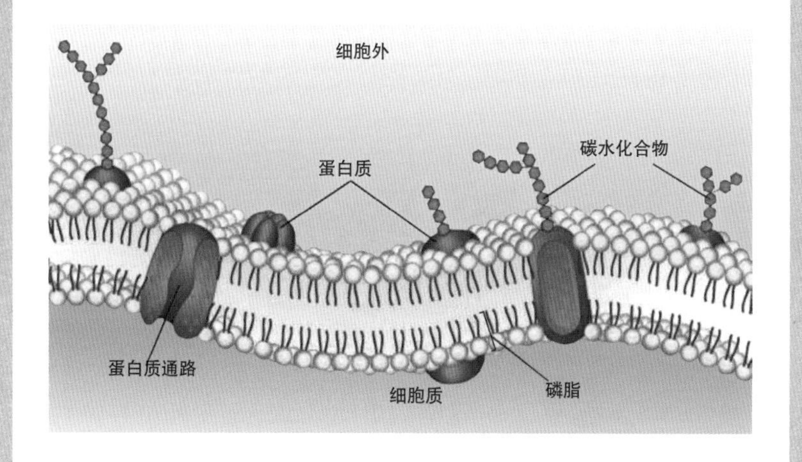

细胞膜是由磷脂和蛋白质双层结构构成的。在细胞膜中，蛋白质为了促进物质代谢，有时作为通道，选择性地移动酶、物质，有时又传达信号，作用多样。蛋白质没有固定在磷脂上，形成了自由漂浮的结构

结合以上所有假说，最初的生命体诞生还有一个不可或缺的条件，那就是不论诞生地点是在深海热液喷口、原始汤的泡沫里，还是其他地方，都需要“膜”。即便合成了具备代谢和复制功能的物质，如果不能立刻把它们浓缩到一个地方，物质就会全部扩散，导致浓度不足以支持发生化学反应，因此需要一层膜将它们与周边环境隔离。

生命体的所有生物膜，包括细胞膜在内，都是由磷脂和蛋白质构成的。磷脂分亲水和疏水两个部分，亲水部分

朝外，疏水部分朝内，分为了两层。虽然科学家们对于膜的起源意见不一，但磷脂的膜在形成过程中必须有酶，因此它不可能是最初的膜。但无论成分如何，有没有膜都是决定生命体能否诞生的重要条件。

在《圣经》中，夏娃没能抑制住好奇心，咬了一口善恶果；在希腊神话中，潘多拉由于好奇宙斯给她的盒子里装了什么，最终打开了盒子。从这些故事能看出，对未知世界感到好奇是人类的本能。为了解开对自身存在的好奇心，我们开始组合打开生命之盒的密码。我们尝试在实验室里制造生命，在外星中寻找生命体，还尝试通过地球上遗留的痕迹推测过去。其实，人类要研究存在与否都不确定的生命是一件很难的事，而且我们无法确定打开盒子时，一定会是好结果。不过在这个过程中，我们可以打开别的盒子，从而加深对生命的理解。

潘多拉
希腊神话中的第一个女人，是宙斯命火神赫菲斯托斯用黏土做成的。

我们从哪里来？我们要到哪里去？在世界初始时，我们是谁？为了寻找这些答案，我们走过了漫长的道路。现在，我们能够推测出宇宙中生命诞生的意义，同时也能理解为什么很难找到这些问题的答案，进而为身为生命体而自豪。

雷迪的对照实验

在科学理论形成之前，科学家们会进行许多探索，其中最具代表性的“演绎推理法”就是来源于人们对观察对象的好奇。在观察某种自然现象之后，如果有什么疑问，科学家会先把各自暂定的答案提为假设，若是追加观察后，假设被证明是事实，则假设将不再是暂定的答案，而被确立为科学理论。

17世纪，意大利博物学家弗朗切斯科·雷迪通过这种科学探索方法，证实了生物起源于生物（生源说）这一假设。雷迪首先观察腐肉生蛆的现象，提出了“蛆是从哪来的？”这一疑问，再根据这一疑问，提出了蛆来自苍蝇卵的假设，并为证明这一假设进行了实验。

雷迪在两个烧瓶中放入同一大小的鱼肉，一个用薄布封口，另一个的瓶口保持敞开。观察结果显示，有薄布的烧瓶中的鱼肉没有生蛆，而瓶口敞开的

雷迪的实验

用薄布封口防止与苍蝇接触的烧瓶是实验组（左），没有薄布封口的烧瓶是对照组（右）。进行实验时，两者的外部环境条件相同

烧瓶中的鱼肉生了蛆。由此可以得出结论：蛆来自苍蝇卵。

这个实验是寻找“生物来自何处？”这一问题的答案的过程。虽然实验设计得并不完美，但这是世界上第一个对照实验，因此颇具意义。对照实验是指科学家除了对研究因素进行改变之外，其他因素都保持一致，并将实验结果进行对比的实验。调节或控制影响实验的因素的步骤被称为“变量控制”。通过这种对照实验，我们可以判断科学家提出的假设是否成立。

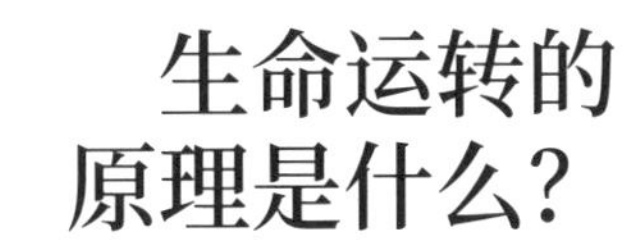

3 生命运转的原理是什么？

所有生命体都是由细胞构成的，仅是构成人类身体的细胞就有数百万亿个，地球上的细胞更是数不胜数。这些细胞都是通过其他细胞分裂生成的。虽然每个细胞的基本结构相似，但由于通过不同方式形成了各自的特征，因此构成的生命体也各有不同。细胞结构中大部分是水，还有氢、氧、碳、氮，以及少量的磷和硫元素。这说明，细胞也是分子结构的化合物。

到目前为止，尽管科学家已经做出了许多努力，但依然没能揭晓这些化学物质是如何改变细胞，从而构成生命体的。作为这些努力中重要的一环，全世界的科学家至今仍在实验室中为创造生命而努力。说到创造生命，有人可能会想到弗兰肯斯坦博士的实验室，但这些科学家们想要创造的并不是小说或电影中那种复杂的生命体，而是具有自我复制和新陈代谢能力，如细胞一样简单的生命体。它们简单到如果不是专家，都会怀疑这算不算生命体的程度。

尽管经过了数十年的不断研究，化学物质与生命体之间的间距依然没有缩小。但在 38 亿年前，地球上分明发生了跨越这个间距的事情。

从现在开始，让我们根据生命运转的原理，对地球现存生命活动惊人的复杂性进行探索。

复制者出现的宇宙意义

第一个生命体是什么样的呢？它的样貌一定和地球现存的复杂生物不一样。从推测生命体诞生的 38 亿年前开始到现在，生命体通过不断的竞争、适应与进化，产生了各种各样的变化。

原始地球上的大海——原始汤中有许多有机物，其中一定有某个水珠或泡沫的部分浓度相对较高。这些有机物不带任何目的和计划，只是单纯地在偶然之中结合成了更大的有机物。同时，化学结合所需的能量和参与结合的分子，刚好与那个物质丰富的环境中的其他分子偶然组合并结合，在反复作用之下，形成了更加多样的有机物。这样合成的有机物中有一部分被太阳的紫外线迅速分解，另一部分则持续得相对久一点。几亿年后，这些偶然不断反复，无数有机物中出现了具备新特征的特殊有机分子。能创造自身的最初复制者的出现拉开了生命体历史的帷幕。

人类是如何知道复制者，也就是自我复制的同时，还能给后代传递可复制信息的遗传基因 DNA 的存在的呢？达尔文提出了遗传的基本概念，孟德尔则将其更加具体化。

孟德尔曾沉迷于进行豌豆杂交实验。在进行了上万次杂交实验后，他发现可以预测豌豆后代可能具备的某些性状，这是因为豌豆的大小、形状及特性都能分别遗传给后代。同时，通过杂交实验，他发现，性状是平等遗传自父母，其中存在一些优势性状。这就是孟德尔发现的独立遗传的遗传基因以及遗传原理。

之后，我们逐渐能观察到细胞和分子，遗传基因的相关研究也随之取得了飞速进展。我们在细胞中发现了染色体，并证实它是由 DNA 分子构成的。20 世纪 40 年代，DNA 被发现是决定细胞特性并进行传递的核心遗传物质。1953 年，克里克和沃森在研究富兰克林拍摄的 DNA 的 X 射线晶体衍射图时，发现 DNA 的双螺旋结构正是生命体的复制原理，于是向世人公布了 DNA 的真实身份。

X 射线晶体衍射图

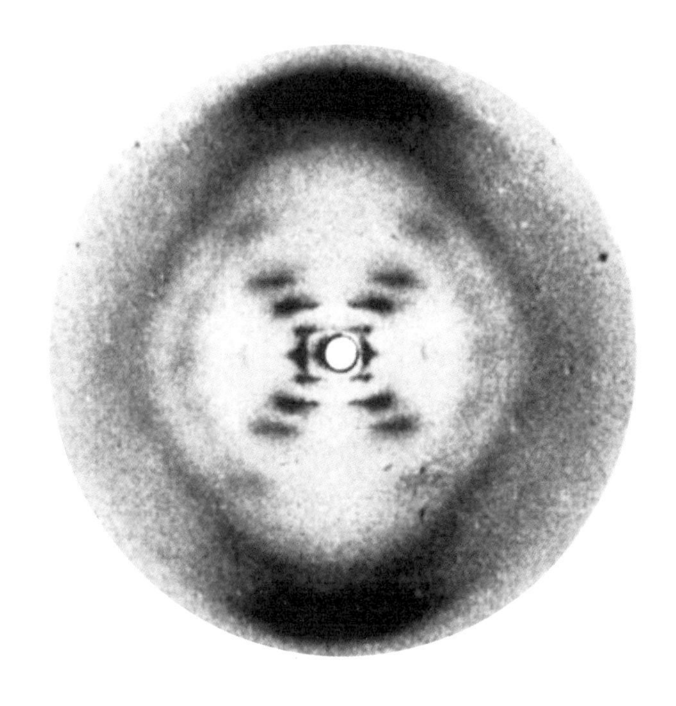

富兰克林拍摄的 DNA 的 X 射线晶体衍射图是克里克与沃森发现 DNA 双螺旋结构的线索

DNA 在自我复制的同时，还要把复制的信息传递给后代。虽然复制 DNA 的出现是生命体诞生于化学物质中的必经过程，但从另一个角度来看，这也是一个偶然发生的奇迹。如果回到 38 亿年前，重复地球的历史，也许就不会再出现结构精致、高效得惊人的复制者了。当然，如果没有复制者，也不会有生命存在。

不仅如此，我们还能通过复制者 DNA 的结构知道所有生命的根本原理都是同一个，这意味着在分化为多种复杂生命体之前，我们的祖先都是同一个，那就是最初的复制者。这也是为什么生命的诞生，即最初复制者的出现以它前所未有的复杂性与多样性，被称作大历史的一大转折点。

RNA 世界与进化的开始

构成最初复制者的分子是什么呢？生命诞生之时，又是哪些分子发挥了重要作用呢？

生命体无一不是由蛋白质构成或是由蛋白质产生的，且这些蛋白质都是由氨基酸构成，所有生命体都是由 20 种氨基酸排列组合成的。DNA 负责指定氨基酸的排列方式，并将其转换为密码，此时传递 DNA 制造了什么蛋白质这一信息的就是 RNA。总而言之，DNA 制造 RNA，RNA 参与制造蛋白质。

拥有这种结构的生命体最基本的特征是自我复制和新陈代谢。生命体通过复制 DNA，将自己的部分信息传递给后代。但在这之前，蛋白质需要利用酶进行新陈代谢，

DNA 和 RNA

我们将类似 DNA 和 RNA 的分子统称为核酸。核酸是由核苷酸连接而成的分子，核苷酸则是由核糖、磷酸和碱基构成的。核苷酸中包含四种碱基，这四种碱基的排列方式会决定生物的遗传信息。我们的肤色、眼睛形状和瞳孔颜色等，都是由遗传基因和环境决定的。虽然 DNA 和 RNA 的核苷酸组成成分都是核糖、磷酸和碱基，但核糖和碱基的种类有所不同，这使得 DNA 形成了两条核苷酸链相对组成的双螺旋结构，相对稳定；RNA 则是由一条核苷酸链以多种方式折叠，可以形成三级结构。

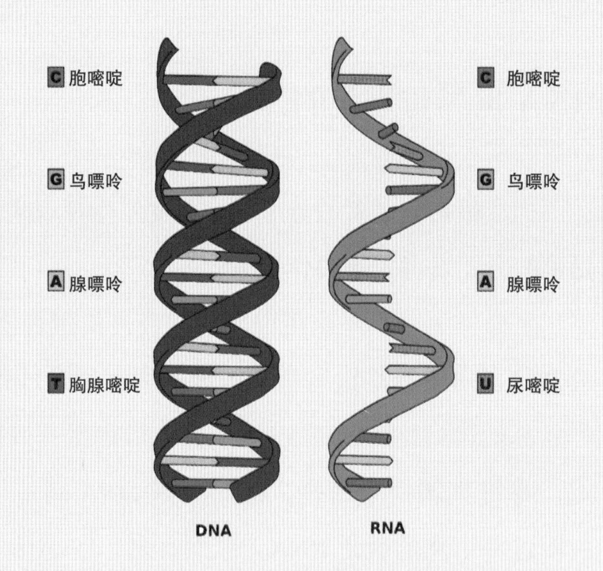

DNA 和 RNA 都是由核苷酸连接而成的高分子，但核苷酸中的核糖各有不同。DNA 中的核糖是脱氧核糖，RNA 中的则是核糖，且 DNA 和 RNA 中的核苷酸都含有四种碱基，但 DNA 的四种碱基是 A(腺嘌呤)、T(胸腺嘧啶)、G(鸟嘌呤)、C(胞嘧啶)，RNA 中则是由 U(尿嘧啶) 代替了 DNA 中的 T(胸腺嘧啶)

因此 DNA 和蛋白质之间是不可分割的关系。但有一个问题是，最初的复制者诞生时，是先进行的什么呢？DNA 和蛋白质的关系就像鸡与鸡蛋的关系一样，只要能解答这个问题，就等于找到了解开生命起源之谜的钥匙。

我们先详细了解一下 DNA。人们普遍认为，我们的信息都储存在 DNA 这个核酸里，将 DNA 复制后再传递给后代。DNA 储存信息的方式和语言很像。正如英文字母的排列顺序能决定单词的含义一样，四种核苷酸的排列方式也能决定 DNA 中的信息。

仅仅几十年前，人们都不知道遗传信息被储存在哪个分子中。但是有一些科学家猜测到遗传信息种类繁多，每一种信息又有多种形态，只有组合结构多样化的蛋白质才能将其储存。这些科学家认为，虽然蛋白质的结构和功能会随着 20 种氨基酸排列顺序的不同而变成各种不一样的分子，但 DNA 中只有四种碱基进行排列组合，可能性有限，因此蛋白质能储存的信息比 DNA 多得多。

但科学家们通过实验证明，DNA 才是遗传基因的实体，而不是蛋白质。发现了 DNA 的双螺旋结构后，DNA 的复制过程也被揭晓了。即便如此，断定将储存的信息通过自我复制传递给后代的分子 DNA 是最初复制者还为之过早，因为 DNA 无法单独进行复制。就算刚开始有 DNA

DNA 和蛋白质的比较

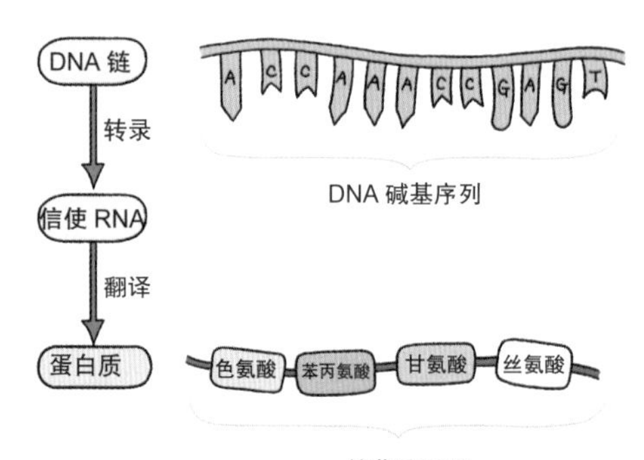

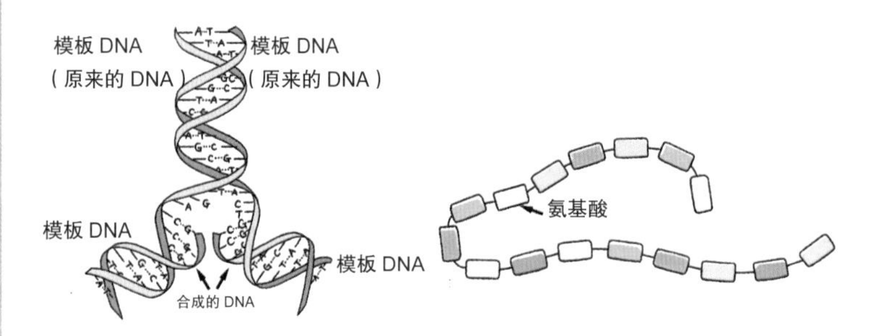

DNA 是由核苷酸连接而成的，核苷酸又是由 4 种碱基排列而成的；蛋白质是由 20 种氨基酸以多种组合方式连接而成的，每 3 个组成单位连接在一起时，DNA 有 $4\times4\times4=64$ 种组合方式，但蛋白质有 $20\times20\times20=8000$ 种组合方式

DNA 合成

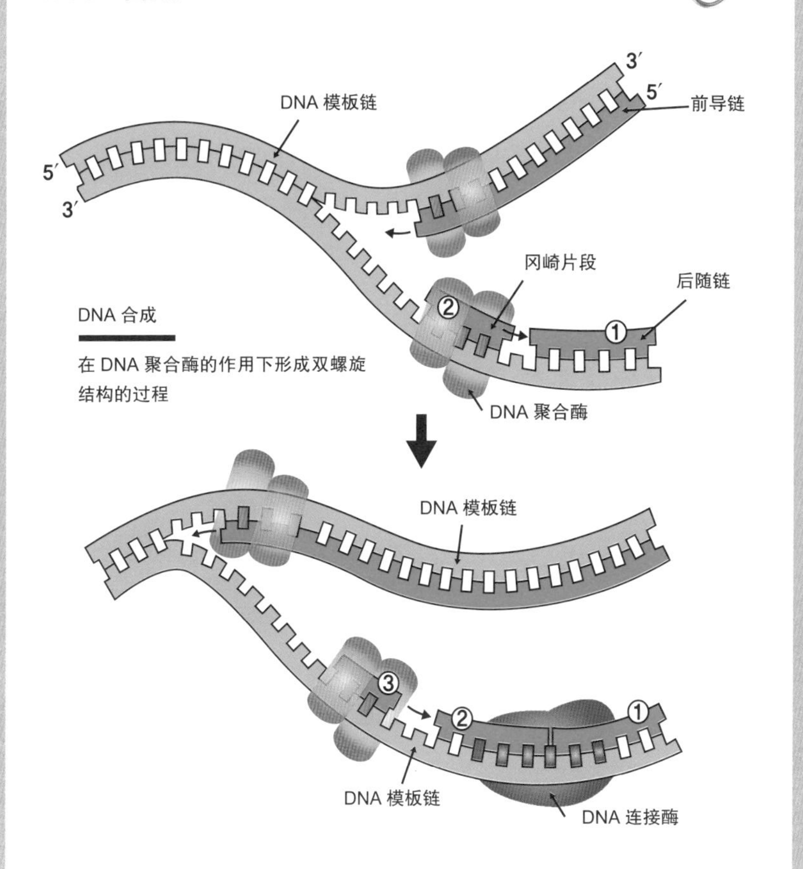

由于 DNA 合成方向只能从 5'（5 号碳方向）向 3'（3 号碳方向）延伸，因此 DNA 的两条模板链（前导链、后随链）的合成方式各不相同。即前导链是在 DNA 合成之后立刻沿着模板链的方向连续合成，后随链则要等模板链解到某个长度后再合成，所以要按照①→③的顺序合成小段后，再通过 DNA 连接酶连接到一起

分子存在，如果没有其他分子的帮助，复制也是无法进行的。正如前文所说，生命体内的新陈代谢需要蛋白质所构成的“酶”。同样，复制 DNA 也需要蛋白质酶。这意味着，在 DNA 出现之前，至少已经有蛋白质存在。那么，地球上最初的复制者是蛋白质吗？

随着 20 多种氨基酸排列而成的无数种组合方式的不同，生命体内合成及分解物质的新陈代谢形式也变得多样化，蛋白质在其中起着桥梁的作用。那么，蛋白质会是最初的复制者吗？但问题是，蛋白质不像 DNA 一样会储存或复制生命体的信息，且如果没有 DNA 中的遗传信息，也不会有蛋白质分子，因此蛋白质不可能是最初的复制者。

正因为蛋白质和 DNA 的出现都离不开对方，所以我们无法解释哪一个是地球最初的复制者。这就像鸡生蛋，蛋生鸡一样，我们常把这比喻为“鸡与蛋”的关系。这和我们前面提到的科学家们的窘境是一样的。

正当人们不知道 DNA 和蛋白质哪一个是最初进行单独复制的分子时，美国科学家托马斯·切赫和西德尼·奥尔特曼有了平息这一争议的新发现，并凭此获得了诺贝尔化学奖。他们发现的正是同时具备蛋白质和 DNA 所有特征的 RNA。我们把具备这种特征的 RNA 的名字，定为 RNA（ribonucleic acid）和酶（enzyme）的合成

利用 RNA 从 DNA 合成蛋白质的过程

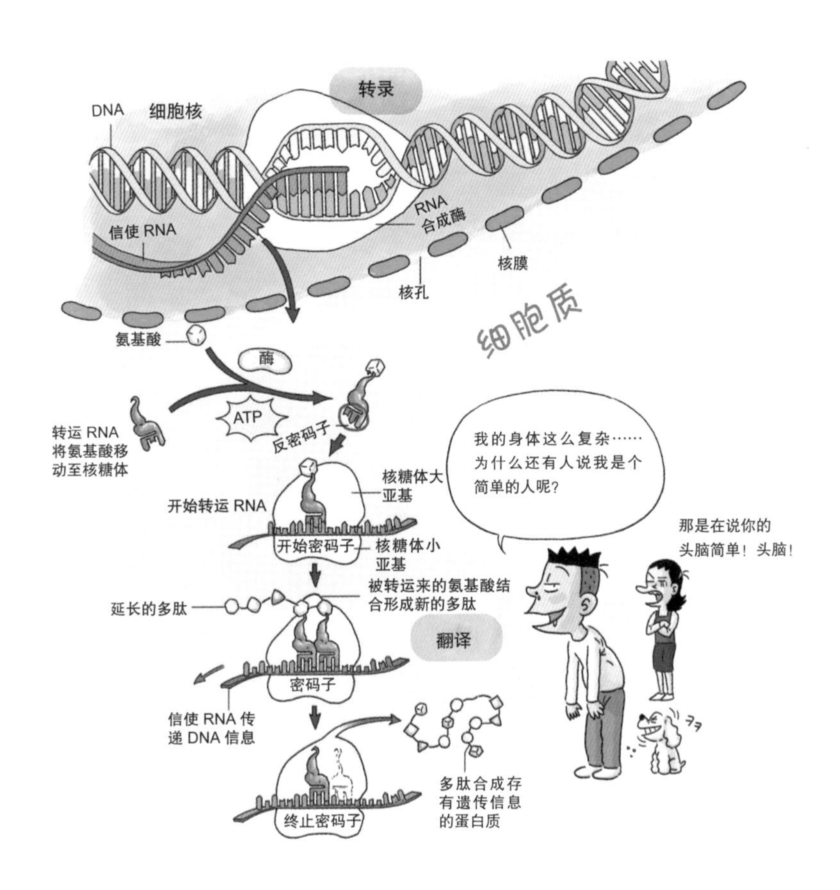

虽然 DNA 中储存着我们的信息，但负责直接传达的是蛋白质，且这个过程中需要 RNA 的帮助。首先 DNA 的信息要“转录”到 RNA 分子中，转录后 RNA 中存有 DNA 中的所有信息；RNA 再通过核糖体这一合成工具将其“翻译”为蛋白质，这时 RNA 上的 3 个碱基序列成为遗传密码，能与一个氨基酸相结合，我们将这称为密码子。这些密码子相对应的氨基酸在核糖体的帮助下依次连接，成为蛋白质，因此我们的信息是以 DNA → RNA →蛋白质的顺序传递的

词——核酶（ribozyme）。核酶和DNA一样，共有四种碱基，不仅可以储存遗传信息，由于自身独特的结构，还可以作为酶对自我复制起到催化作用。

RNA是目前为止发现的唯一一个能进行自我复制的分子，作为最初复制者的概率也最大。核酶的发现对沃特·吉尔伯特所主张的"RNA世界"假说给予了巨大支持。所谓"RNA世界"是指在DNA与蛋白质出现之前，先出现了RNA，随着序列样式越来越丰富，出现了可以代替酶的核酶，之后又出现了反应更加严密的蛋白质和DNA，分担了RNA的作用，并不断进化。也就是说，在发现生命时，一定存在一个生活着大量由RNA构成的生命体的"RNA世界"。

那么，从"RNA世界"中由RNA构成的生命体，到现在利用DNA储存及传递信息、利用蛋白质酶进行复制及代谢的生命体，经历了怎样的过程呢？

首先是出现了RNA。在碱基序列和结构各有不同的RNA中，核酶出现并代替了酶，成为最初的复制者，有一部分核酶的周围被膜包围。最初复制者在自我复制的过程中频繁出现误差变异，因此核酶的形态也变得丰富多样。尤其是当具备合成蛋白质功能的核酶被膜包围时，内部生成蛋白质，可能会发生更多的化学反应。比起由4种碱基构成的核酶，由20种氨基酸构成的蛋白质会产生更加多样的化学反应，因此RNA将酶的功能交给了蛋白质。

在如此多样的蛋白质中，尤其是以RNA为模板合成DNA的蛋白质，或是核酶中出现将RNA合成为DNA的核酶的细胞中将出现DNA。虽然DNA和RNA都是以核苷酸序列储存遗传信息，但由于双螺旋结构的DNA比单螺旋结构的RNA更加稳定，因此储存遗传信息的功能从RNA转移到了DNA。

之后的生命体就和现在一样，蛋白质代替酶负责进行各种形式的新陈代谢活动，DNA负责储存及传递遗传信息。现在已经没有单纯以RNA构成的生命体，但RNA并未从细胞内消失，而是担当起了核酶的角色，在DNA遗传信息合成为蛋白质时发挥作用。

RNA之所以能发挥DNA和蛋白质的作用，首先是因为它和DNA的结构十分相似。尽管RNA是单螺旋，DNA是双螺旋，在碱基种类上，DNA含T（胸腺嘧啶），RNA含U（尿嘧啶），但碱基的排列顺序能决定储存信息这一点是一样的，因此RNA能像DNA一样储存和传递遗传信息。其次是因为单链RNA中的碱基相互结合，形成了比DNA更加复杂的3级结构。3级结构是蛋白质酶发挥作用的必要条件，同时也能促使RNA发挥酶的作用，因为活性部分的3级结构能决定酶与基质的结合。假如这个结构不能像钥匙—锁头一样互相切合的话，酶与基质也

RNA 的 3 级结构

单链 RNA 能与蛋白质形成各种样式的 3 级结构

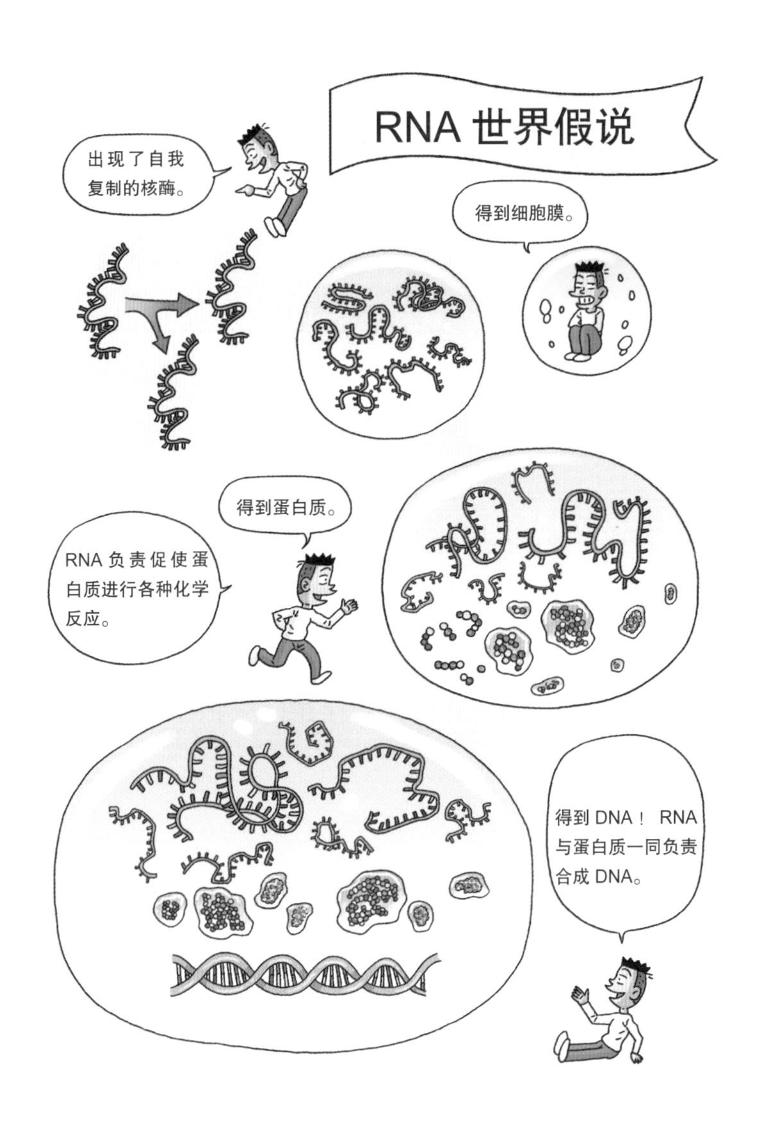

在 RNA 世界中，RNA 具备酶的功能，且能传递和复制遗传信息。合成蛋白质与 DNA 后，RNA 要为它们各自分配任务。直到现在，RNA 依然担当着转录 DNA 和蛋白质的角色

无法结合，且无法发挥酶的作用。

基质

与酶相结合，引起催化反应的物质。酶的活性部分必须和基质相结合才会发生反应。

由于现存生物体内的 DNA 和酶都是分开的，对于原始地球是一个充满 RNA 生物的“RNA 世界”这一观点，我们无法提出异议。直到现在，RNA 依然在细胞中负责转录 DNA 和蛋白质，但仍然有一些科学家对于 DNA 和蛋白质是最初复制者这一观点持怀疑态度，因为构成 RNA 的碱基虽然很容易在无机物中合成，但碱基与核糖、磷酸结合为 RNA 的基本单位核苷酸却是很难自然生成的。因此我们不能完全排除在 RNA 之前，还存在过与 RNA 类似或完全不同的分子这一可能性。

自然选择原理

在前文中，我们讨论了储存遗传信息的分子 DNA 和 RNA，DNA 和 RNA 如何储存那么多样化的信息呢？原因就隐藏在碱基序列中。DNA 和 RNA 的基本单位核苷酸是由磷酸、核糖和碱基构成的，核苷酸共有 A（腺嘌呤）、T（胸腺嘧啶）、G（鸟嘌呤）、U（尿嘧啶）和 C（胞嘧啶）五种碱基，DNA 和 RNA 均含有的碱基是腺嘌呤、鸟嘌呤和胞嘧啶，DNA 中还有胸腺嘧啶，RNA 中则是尿嘧啶。我们的遗传信息就储存在这些由碱基排列而成的序列之中。电影《达·芬奇密码》的主人公——一位记号学者，通过字母移位造词法找到了解答方法。

字母移位造词法
通过变换字母的排列顺序，改变单词或句子的含义。

正如字母排列顺序决定句子含义一样，DNA 中四种碱基的排列顺序也决定了我们的特征。人与人之间的区别也来源于这一序列的不同。

	o,draconian devil	啊，严酷的魔王啊
➔	leonardo da vinci	列奥纳多·达·芬奇
	Oh,lame saint	啊，残疾的圣者啊
➔	the monalisa	蒙娜丽莎

最初的序列差异并不像现在这么大，但初期的复制不如现在完整，经常出现错误，也就是突然变异。DNA 也随之变得更加多样化。之后在自然选择原理的作用下，部分 DNA 消失不见，DNA 的优势扩大并维持到了现在。虽然到现在为止，大部分突变依然不利于生存，但偶尔也促使了更能适应环境的物种诞生。

正如前文所说，最初复制者 RNA 在进行自我复制时，并不能准确地复制存有信息的序列。这些序列出现误差，最初复制者后代的序列也越发多样化。这种误差带来的影响有时是积极的，有时是消极的。不稳定的分子会迅速被分解，稳定的分子则可以维持很久。自我复制速度慢的分子后代数量会减少，速度快的分子后代数量则会增加。

突然变异

染色体或遗传基因的变化，导致父母身上没有的一些体质特征出现的现象。

复制过程中产生的误差促使复制者的序列越发多样化，差异的扩大必然会导致竞争的出现。达尔文主张，在物种进化过程中，发生变异的生物物种中只有更加适应环境的生物能生存下来，并将此称作自然选择。这里提到的变异是 DNA 碱基序列的变异。自然选择原理同样适用于由 RNA 构成的最初复制者。在 RNA 复制过程中，会因误差出现各种不一样的个体，其中只有更加稳定、制造出更多后代的复制者能生存下来。这样的过程在数亿年里持续累积，就形成了由 DNA 和蛋白质组成的细胞构成的生命体。

达尔文的自然选择理论

达尔文在探索加拉帕戈斯群岛时，心中开始有了对未来人类产生巨大影响的自然选择理论雏形。当时，达尔文看了马尔萨斯研究社会现象的《人口论》，受到了马尔萨斯假说的影响，即人口规模对生存产生的影响及生存手段对人口增减产生的影响。达尔文认为这个假说同样适用于自然界，于是继续对自然选择理论进行深入研究，最终于1859年在《物种起源》中发表了以自然选择为核心内容的进化论。当时，该理论引起了巨大的反驳和争论，一些学者甚至将达尔文比作猿猴来讽刺。但是，达尔文的自然选择理论不是像人们误解的那样主张"从猿猴进化成人类"，而是十分单纯、明确的理论。

首先，自然选择理论认为，即使在同一物种内，每个个体也会有多种变异，并且持续发生。其次，重要的是，这种变异会遗传给下一代。若个体不断地繁

主张进化论的达尔文的讽刺画

殖，由于与个体数量的增加相比，资源十分有限，个体之间就必然会产生竞争。因此，通过竞争，最能适应环境的个体生存下来，有利于生存的个体特征将遗传给后代。像这样通过遗传性累积发生的物种变化，即所谓的进化，就是达尔文所主张的自然选择理论。

从下页的图表中可以看出，由于干旱，鸟的平均喙长越来越长。这是因为干旱时期，食物减少，为了吃十分坚硬的种子，鸟的喙发生了变化。也就是说，这是受到环境变化的影响，长喙鸟的数量根据自然选择原理而增加，而不是由于干旱导致鸟群灭种，从而出现其他种类的鸟。

从这个事例中可以看出，通过个体之间的变异，最能适应环境的个体获得自然的选择，有更多后代存活下来，有利于个体生存的特征会遗传给下一代。生物正是通过这种方式在漫长的岁月中不断进化。

随着环境的变化，鸟的喙长变化

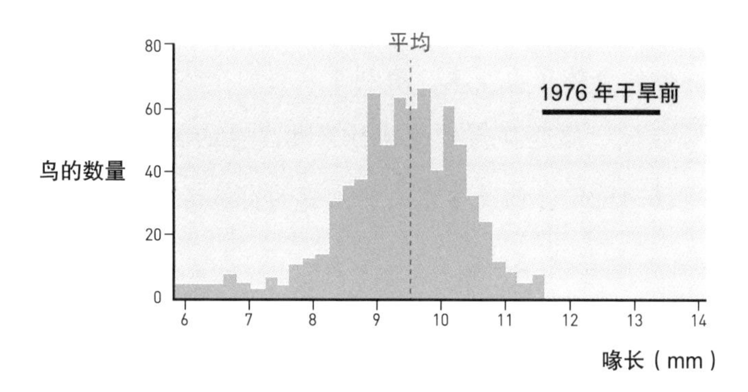

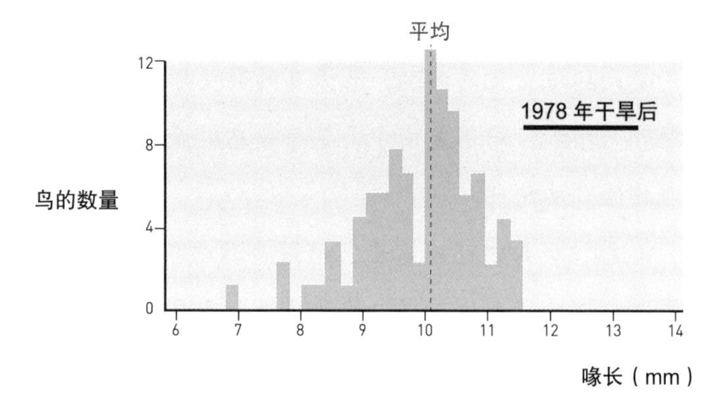

作为格兰特发表的自然选择说的代表性事例，展示了 1977 年前后加拉帕戈斯群岛上鸟的喙长变化。1976 年干旱前，鸟喙的平均长度约为 9.5 毫米，但在 1978 年干旱后，全体种群在减少过程中存活下来的喙长平均为 10.1 毫米，呈现出比死去的鸟更长的喙的倾向

4 细胞是如何进化的?

自从在地球上出现以来，生命经历了无数曲折，才得以延续至今。

惊人的是，我们发现了能够了解最初生命体形态的证据，甚至还能找到与最初生命体相似的原核生物。在研究这些生命体的过程中，我们推测出某种原始光合生物为获取能量，将水分解，水分解出的氧气引起了环境变化，这对生命进化有着至关重要的影响。总结来说，就是生命体的出现使地球的物理环境发生了变化。为适应这一变化，生命发生了进化。

现在，我们将对原始形态的原核细胞到体积庞大、结构复杂的真核生物的进化过程进行研究。

细胞的诞生

细胞是生命体的基本单位。这意味着一个细胞可以在任何一种环境中生存，也就是具备生长、复制和分化的能力。科学家们也会以此来区分细胞和病毒。细胞的细胞膜隔离了周围环境及其他细胞，并能选择性地吸收和排出物质；细胞核中的 DNA 能复制遗传信息，指示并执行新陈代谢命令；由细胞构成的生命体内发生的所有反应都是通过蛋白质酶进行调节的。相反，病毒只有进入宿主细胞，才能进行自我复制。

地球上的所有生命体都是由细胞组成的，所以细胞的组成成分几乎一致，分子单位之间发生的化学反应也十分类似。这意味着细菌和人体内的新陈代谢、蛋白质合成及遗传物质复制等都是在几乎相同的组织中进行的。即便不是同一个物种，同一种新陈代谢也受到拥有相同特异性的蛋白质酶的催化。这些相似性代表各种各样的生命体都是由同一个祖先细胞进化而来的。

那么，所有生命体的共同祖先细胞是在什么时候，又是怎样诞生的呢？学者们认为，大约 42 亿年前，宇宙中掉落的陨石变少，彗星碰撞也减少。就在这时，在原始汤中合成了细胞的前身——RNA。之后大约 4 亿年间，RNA 世界中储存遗传信息并发挥酶作用的 RNA 不断进

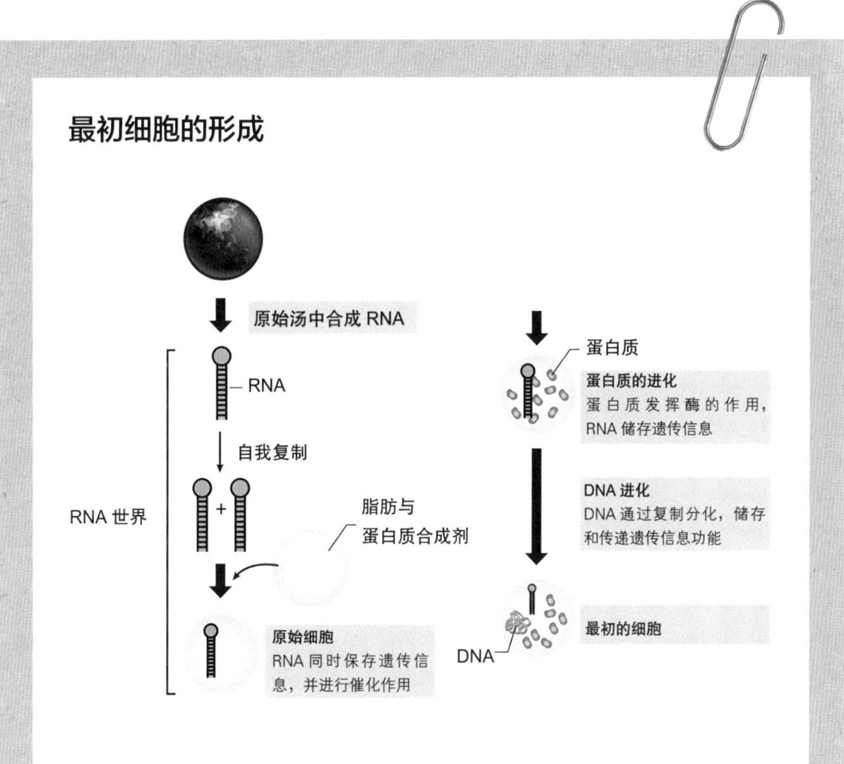

最初的细胞是 RNA 世界中具备复制和催化能力的 RNA 进化后，在分化成 DNA 和蛋白质的过程中生成的

化，分化为 DNA 和蛋白质，有学者推测最终阶段进化的产物就是最初的细胞。虽然没有关于当时的地球环境或最初细胞的化石资料等直接证据，这一假说依然通过各种实验获得了许多学者的支持。

最初的细胞是原核细胞。原核细胞虽然没有细胞核，却具备储存并复制遗传信息的 DNA 及调节新陈代谢的蛋白质，因此能生成和消耗能量。该细胞在调节生物分子之间相互作用的同时不断成长，成为最初的生命体。

最初的生命体

让我们想象一下乘坐时空机器回到生命首次出现的38亿年前的地球。那时的地球环境是怎样的呢？那时地球上的氧气含量比现在火星的氧气含量更低，因此必须像在太空中一样，用呼吸器才能呼吸。再加上当时的地球整体环境如一个沸腾的熔炉，充满了盐酸和硫酸等有毒物质，不论是衣服还是皮肤都会被腐蚀殆尽。不仅如此，由于当时的阳光很少，再加上地球上的化学物质，地球表面几乎接收不到太阳的能量和光照，只能通过划过天际的流星雨和不断的闪电才能偶尔一窥地球的面貌。

生命体真的能在如此恶劣的环境中生存吗？能适应原始地球的恶劣环境并生存下来的生命体只有古细菌。在现在我们生活的这个地球上，充满了被称为超级细菌的古细菌。即便是在酸性极强（pH值大约为0.03），甚至可以熔化金属的环境中，有一种细菌依然可以生存；对生成甲烷的细菌而言，最适宜的生长环境是高温的深海热液喷口，当温度低于84℃时，反而无法生存；还有一种名为耐辐射球菌的细菌，即使在辐射值高达致命的

环境中依然可以生存；不用去硫黄温泉或深海，偶尔在我们周围盐分含量较高的地方也能见到盐杆菌。这种细菌主要栖居在盐田，大量繁殖时，盐田会呈深红色（一般的盐田呈白色）。

经确认于35亿年前存在于地球上的叠层石，是由蓝细菌形成的。单细胞的蓝细菌能够进行光合作用，因此，

蓝细菌化石

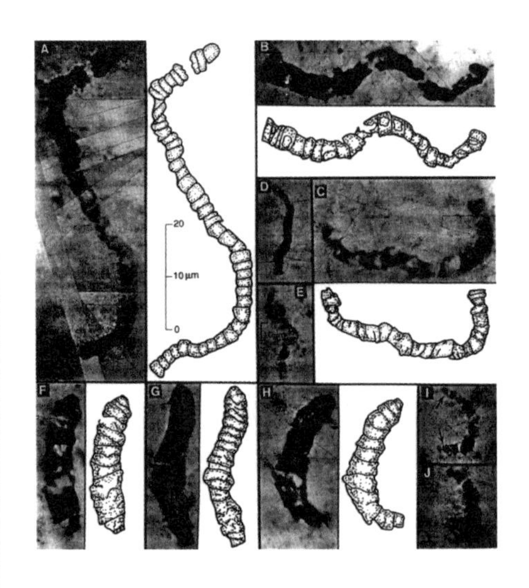

被推测为 35 亿年前的蓝细菌化石，发现于澳大利亚，是目前最古老的原核生物化石

虽然处于比最初生命体更加发达的阶段，但作为化石来看，它依然是没有核膜的原核生物。

我们再来看看生物的分类标准。每位科学家的生物分类方式都有些不同。从普遍标准来看，生物大致能分为原核生物和真核生物两种，原核生物没有核膜，真核生物有核膜。以前常把栖居在恶劣环境中的微生物——古细菌和细菌统一归为原核生物，但最近科学家们发现，古细菌与

关于 35 亿年前最早的化石的不同意见

从很久以前开始，有关化石真伪的争论就一直不断。2011年，科学学术杂志《自然：地球科学》上发表了一篇论文，其中包含了有关蓝细菌化石的不同意见。这篇论文的内容是美国堪萨斯大学艾利森·马歇尔研究团队对所谓的蓝细菌化石进行调查，发现被当作蓝细菌的部分还混有暗色及亮色透明的矿物质，其中暗色的部分是赤铁矿、铜和锡等矿物，亮色透明的部分则是石英。研究团队认为这些矿物相互交叉分层的样子被当作了细菌。同时，他们还在分析岩石成分的过程中发现了含有碳的物质，这也可能是生命体留下的痕迹。也就是说，无法轻易肯定或否定那是生命体。正如此般，要发现古老生命体的痕迹是一件很难的事，要区分它是真是假也很难。这一争论还需要时间进行讨论。

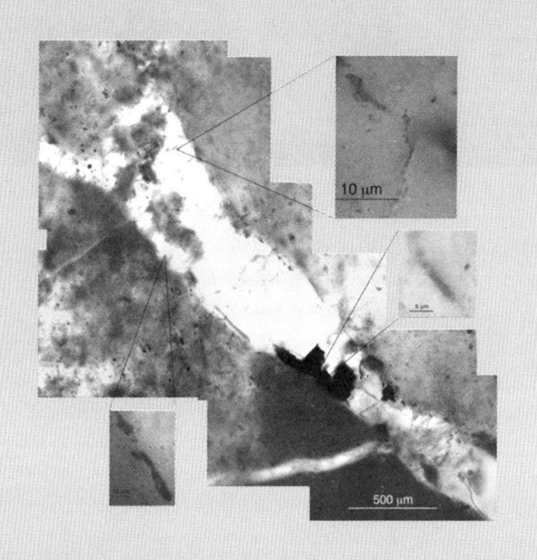

马歇尔研究团队认为，为大众所熟知的蓝细菌化石其实是填满岩石间的矿物质所产生的结构。但由于还发现了碳元素，因此很难断言完全没有生命的痕迹。科学家们偶尔会很真挚地发表这种模糊不清又冗长的言论

沙门氏菌

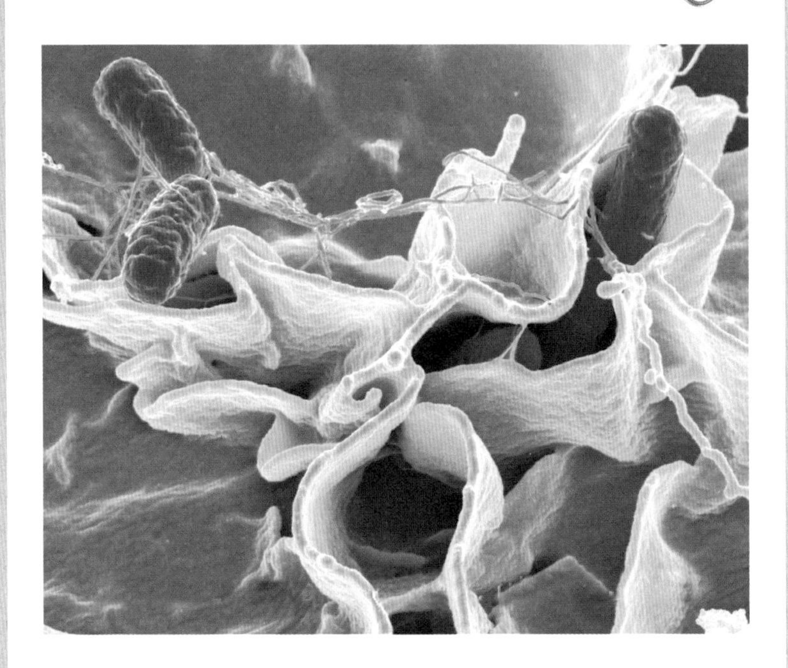

原核生物是由没有核膜的细胞组成的单细胞生物，真核生物则是由真核细胞组成的生物。引起食物中毒的沙门氏菌是原核生物，小狗或小猫等周围能看到的动物，及松树、橡树等植物属于真核生物

细菌在细胞壁构成成分及 DNA 上有所差异，因此把古细菌归为古细菌类，把细菌归为细菌类；类似植物或动物这种我们常见的真核生物则被归为真核生物类。因此，生物分为古细菌类、细菌类和真核生物类三种。

真核生物是由真核细胞构成的，它最大的特征是体积比原核细胞平均大 1 万到 10 万倍，且拥有被染色体包围的细胞核。我们一般认为原核生物较小，真核生物较大。虽然大部分生物都遵循这个规律，但真核生物中也存在由一个细胞构成的草履虫、变形虫等小型生物。

我们要注意的一点是，不能有原核生物的名字来源于“原始”二字的偏见。有些生物虽然看似低级，且不会进化，但其实每一个细胞都极其精美，这是所有生物都具备的美丽特征。而且，和在无数个细胞共同协作下进行生命活动的真核生物相比，仅凭一个细胞进行所有生命活动的原核生物不是更让人惊讶吗？

所有生命体的生存都离不开能量和一同构成生命体的碳元素。生命体获取能量和碳元素的方法有两种：有的生物是从周围的有机物或无机物中获取能量，虽然有机物和无机物在进行化学结合时需要能量，但是结合被打断时会产生能量，生物所利用的正是结合被打断时所产生的能量；相反，也有生物是从太阳能量中获取生命活动所需的能量。

至于获取碳元素的方法，有的生物是利用空气中的二氧化碳亲自合成碳元素，有的生物则是从其他生物合成好的有机物中获取碳元素。利用碳源中二氧化碳的生物被称

以获取能量和碳元素的方法为标准对生物进行的分类

能量	碳源	举例
化学	自养	产甲烷细菌
化学	异养	动物，破伤风菌
光	自养	绿色植物，蓝细菌
光	异养	绿色细菌，紫色非硫细菌

根据能量和碳元素来源的不同，生物被分为化学自养生物、化学异养生物、光自养生物和光异养生物四种。真核生物中没有化学自养生物和光异养生物，原核生物中这四种生物都包含

为“自养生物”，我们熟知的绿色植物就属于自养生物；以其他生物为食，从有机物中获得碳元素的生物被称为“异养生物”，包括人在内的大部分动物或细菌都属于异养生物。也有这种通过获取能量和碳元素的方式不同而对生物进行分类的方式。

那么，地球上出现的最初生命体如何获取生存所需的能量呢？原核生物是自己制造营养物质，获取所需能量的自养生物，还是依靠自养生物制造的营养物质生存的异养生物呢？科学家们认为，原核生物属于异养生物。因为自养生物需要具备利用来自太阳或化学物质的能量，独立将

原核生物的分类

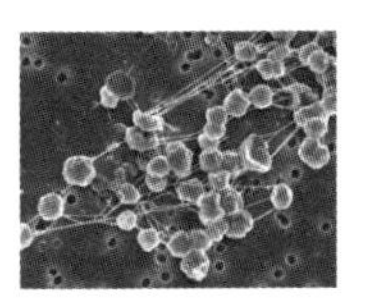

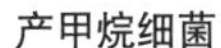

产甲烷细菌

虽然在大部分古细菌和类似细菌的原核生物中常出现化学自养生物，但在真核生物中还未发现有这种营养方式。化学自养原核生物是通过氧化氢、铁、硫、氨、亚硝酸和硝酸等无机物获取能量

破伤风菌

原核生物中化学异养生物的数量是最多的，会引起人、牲畜和植物生病。它们通过氧化有机物获取能量

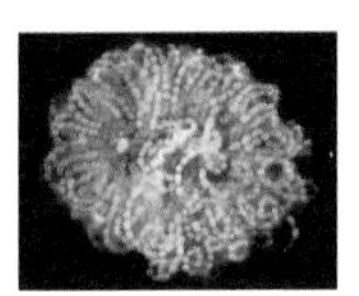

蓝细菌

包括蓝细菌在内的多种细胞群都是光自养原核生物。它们以光为能量来源生存

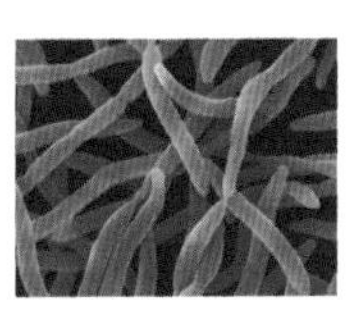

紫色非硫细菌

只有绿色细菌和紫色非硫细菌两种细菌属于光异养生物。它们以光为能量来源。但比起二氧化碳，它们从有机物中获取了更多生存所需的氧气

二氧化碳合成为有机物的工具，其结构比异养生物更加复杂，因此结构相对简单的异养生物应该比自养生物先出现。而且当时的地球上拥有丰富的有机物，为异养生物出现创造了适宜的环境。

地球上最初的生命体既是原核生物，也是异养生物，

它通过吸收地球上丰富的有机物获取营养物质及能量。但是，利用有机物也要经过一个复杂的过程。葡萄糖和氨基酸等有机物进入原核细胞后被分解，成为构成细胞的碳元素的原料。最初生命体出现后，地球环境也随之发生了变化。原本丰富的有机物变得缺乏，通过呼吸和新陈代谢排出的二氧化碳逐渐增加。

于是，利用二氧化碳制造有机物的自养生物开始出现。科学家们猜测，自养生物应该和现存的蓝细菌相似，尤其是具备光合作用的自养生物制造出的氧气引起了地球大气组成的巨大变化，成为地球生命体进化的重要转折点。

从地球上最初的异养生物到自养生物，原始地球生命体都是由一个细胞构成的原核生物，它们可以算是迄今为止所有生命体的祖先。在很长一段时间里，它们一直是地球的主人，直到真核生物出现。真核生物出现的背景多少有些争议，其中最受大众认可的理论是原核生物在氧气增多的环境中，由于无法利用氧气而局促不安，于是与其他细菌共生，从而使真核生物诞生。

生命体与无生物不同，需要维持熵值的动态平衡，并且在秩序中不断创造新的秩序。最初生命体异养原核生物的出现，促使了更加复杂的自养原核生物的出现。20亿年后，真核生物也随之出现。就像种子长成大树一般，一个原核生物成了形成植物和动物的契机。它们的后代在地球这个舞台上不断登场或谢幕，为我们展现了变幻不定的、生动的地球。

颠覆地球环境、进行光合作用的细胞

虽然不知道地球最初的生命体能不能进行光合作用，但确定的是，不久之后，有一部分生物具备了这个能力。因为几亿年后，就能四处见到进行光合作用的蓝细菌等原核生物的身影，它们是通过吸收太阳能量制造生命活动所需所有物质的光合生物。光合生物是利用光制造各自所需的有机物，并利用其养分获得能量的自我发展型生命体。

如果人类也能进行光合作用，那么每当肚子饿的时候，是不是只要脱掉衣服，躺在阳光下，就能变饱呢？那样的话，人类为生存所生产的大量燃料、材料和垃圾等就会减少很多。但是很可惜，人类无法进行光合作用，因此我们需要吸收植物等光合生物利用太阳能量生成的有机物，或是利用燃料，从而获取能量。不仅是人类，整个生态系统都维持着有机的关系，以多种多样的形式利用太阳能量，生命体开始进行光合作用，也促使能量开始循环。那么，光合生物是如何制造有机物的呢？

以植物为例，树叶能呈绿色的部分会进行光合作用。光合作用是将光的能量转化储存为化学能量，并以此制造出有机物。这一过程可以通过电子的移动进行解释。电子不仅能够运输能量，而且是二氧化碳生成有机物的必备元素。首先，能量在从高能量状态变为低能量状态时，会释放出能量，进行光合作用时，电子将水分解，这时会产生氧气。电子吸收来自太阳的光能，转为高能量状态，之后再次回到低能量状态。这一过程中释放出的能量被用于在活体 ATP（腺苷三磷酸）内部合成能量储存分子。由此可以看出，合成有机物所需的能量以 ATP 的形式移动，所需电子以 NADPH（还原型烟酰胺腺嘌呤二核苷酸磷酸）的形式移动。

ATP

细胞内部生命活动所用到的能量源，可以储存并传递能量，可以当作一种电池。ATP 的分解产物被称作 ADP。

NADPH

一种辅酶，用于传递电子。$NADP^+$（脱氢酶辅酶，在光化学反应中接收电子的电子受体）与电子和氢离子结合，生成 NADPH。

生成 ATP 和 NADPH 的过程被称为光反应，生成糖的过程被称为暗反应。光合作用就是通过光反应和暗反应生成 ATP 和 NADPH，并利用其将二氧化碳转化为有机物——糖的过程。我们所熟知的氧气最初只是这个过程中产生的副产品，但它对地球的影响是巨大的。

光学的光能吸收与电子的释放

光和系统的色素分子吸收光能，并将其传递给旁边的色素分子，连带着中心色素叶绿素 a。叶绿素 a 获得光能，释放出高能量的电子

现存的绿色植物被推测是由进行光合作用的原核生物进化而来的。虽然我们无法详细了解最初的光合细菌是如何生存的，但我们可以从现有植物的光合作用过程中获得提示。

光系统是植物利用光能制造出 ATP 的装置。它是一种蛋白质复合体，由中心色素叶绿素 a、天线色素和电子受体组成，根据中心色素（P700，P680）的不同，可分为光系统Ⅰ和光系统Ⅱ。光系统Ⅰ的叶绿素 a（P700）容易吸收波长为 700 纳米的光，光系统Ⅱ的叶绿素 a（P680）容易吸收波长为 680 纳米的光。

首先，光系统吸收光能，将分解水时产生的电子以高能量状态释放。被释放的电子在移动过程中变为低能量状态，这时使质子（H^+）往叶绿体内类囊体薄膜内部移动。以薄膜为界，质子的浓度出现差异，这时薄膜两侧的质子会从浓度高的地方流向浓度低的地方，并合成 ATP。这被称作依靠化学渗透进行的 ATP 合成，整个过程被称作光合磷酸化。

科学家们推测光系统Ⅰ和光系统Ⅱ最开始是各自分开工作，后来合在一起才变成现在的模样。光系统Ⅱ中吸收光能的中心色素（叶绿素 a）释放出电子后，由水分解后生成的电子填补它的位置。水被分解时会产生氧气，这一装置被称为放氧复合体。放氧复合体是一种蛋白质复合物，氧气将 4 个锰原子和 1 个钙原子连接成格子的形状。放氧复合体能在由氢元素和氧元素结合而成、

放氧复合体

由锰原子、钙原子和氧气构成的简单团状物体，是一种分解水、释放氧气的酶。

植物利用光生成能量（ATP）的过程

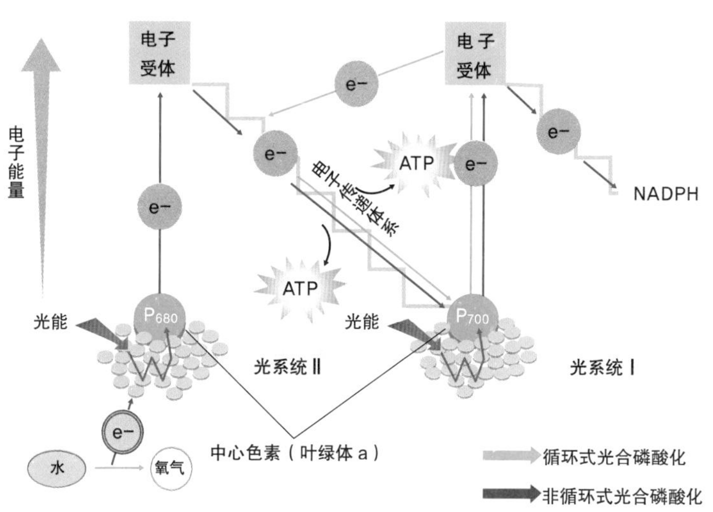

上图是光合磷酸化的模式图。光系统Ⅰ单独吸收光能，释放电子，被释放的电子经过电子受体后通过化学渗透合成 ATP，电子再回到以前的中心色素中，这被称作循环式光合磷酸化。循环式光合磷酸化过程中只生成 ATP。非循环式光合磷酸化是由光系统Ⅰ和光系统Ⅱ共同作用，水被酶分解释放电子，持续的化学反应使水被分解，生成氧气，氧气通过化学渗透合成 ATP，最终电子被吸收，生成 NADPH。这时生成的 ATP 和 NADPH 被用于合成糖分，水分解生成的氧气则被排放至空气中

结构稳定的水分子中，瞬间抓住电子，将水分解，释放氧气。这一小小的放氧复合体所排出的废弃物，使地球蜕变为生命的根据地。

光反应结束后进行的暗反应，是利用光反应中生成的

光合作用的全过程

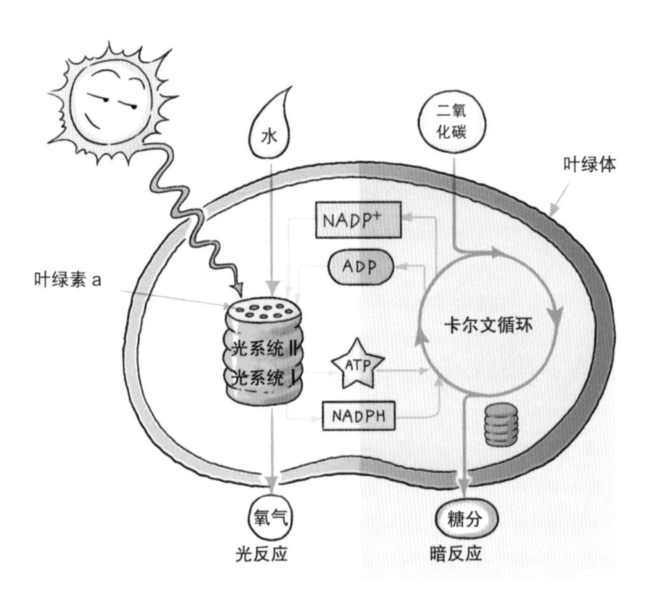

上图是植物利用太阳的光能生成氧气、ATP 和 NADPH 的光反应，以及利用光反应生成产物产生糖分的暗反应的光合作用全过程

ATP和NADPH，沿着卡尔文循环路线进行，最终生成糖分。光合作用的最终结果就是生成糖分等有机物和代谢物氧气。

初期地球的生命体——异养细菌最初生存在没有氧气的环境中。当时的大气中氧气稀薄，为了躲避灼热的紫外线，它们应该是生活在有机物丰富的海洋中。因此，它们不懂得利用氧气，接触到氧气反而会死亡，这与铁在空气中会和氧气产生反应并生锈的原理相同。这是因为氧气具备抢走其他物质电子，并将其“氧化”的特征。

卡尔文循环

进行光合作用的绿色植物叶绿体中，利用光反应产生的 ATP 和 NADPH，固定二氧化碳，合成碳水化合物（糖分）的路线。

但是，现在我们体内细胞中氧气的浓度是大气氧气浓度的 10%。现在我们离开氧气就无法生存，所以必须利用氧气进化从而生存。无法适应氧气环境的原核生物为了躲避氧气，有的将栖息地移到了湿地和湖泊底部，有的则栖息在其他生物体内。

最能适应氧气环境的原始生命体是蓝细菌。一直利用光能进行光合作用的蓝细菌，将黏稠的石灰成分与灰尘、沙粒等小粒子粘在一起，形成类似柱子一般的结构，这就是叠层石。现在依然在不断发现叠层石，这是由于发现叠层石的澳大利亚西部鲨鱼湾盐度过高，没有生物能以蓝细菌为食。

蓝细菌的体积极小，一滴水中能容纳数十亿个蓝细菌。在漫长的时间里，蓝细菌不断繁殖，排放出大量氧气。氧气充足的大气成了进化成复杂生命体的能量源泉。

生命体合成蛋白质或移动蛋白质都需要能量，利用氧气从有机物中获取能量的方式，比不用氧气，通过发酵获取能量的方式更具效率。生命体需要氧气的时候，就是氧化有机物获取能量，以及合成蛋白质的时候。获得了充足能量的生命体，身体构造更加发达，进化出更加多样的物种。不仅如此，氧气还制造了臭氧层，隔绝了致命的紫外线，为生命体创建了一个安全的生存基地。地球环境像这样不断变化，只有一部分初期的原核生物能适应新环境，得以生存。在这个过程中，更加复杂的真核生物得以出现。

跃升至复杂生物体，真核生物

如果将地球上的生命体大致分为两类，能否分为动物和植物？答案是不能。海葵既是动物，又具备植物的特征。那么，从根本上，划分所有生物的标准是什么呢？这需要我们回到生命体分化为动物和植物之前去寻找。

大历史将生命的诞生视为第五个大转折点，性的诞生是第六个大转折点。但这两个大转折点之间有一个非常重要的小转折点，那就是原核生物到复杂生命体的飞跃，即真核生物的出现。如果将地球上的生命体分为两类，可以分为原核生物和真核生物。原核生物由没有核膜的原核细胞构成，真核生物则由细胞核和拥有上百甚至上千个小器官的细胞器组成的复杂的真核细胞构成。

真核细胞体积较大，至少比原核细胞大1万至10万倍。根据负责的细胞生命活动不同，真核细胞被区分为几个细胞器。首先是如线一般的DNA链浓缩至最小，被与细胞膜成分相同的核膜包围。核膜上有上千个核孔，因此细胞核与细胞质之间能充分进行新陈代谢活动。

核膜不仅能保护DNA安全，还能调节DNA所具备的重要特征。在前文中，我们了解到，DNA中包含的信息在表现为生物特征之前，必须被翻译为蛋白质。为了使转录为RNA的过程发生在细胞核内，RNA被翻译为蛋白质的过程发生在细胞质，才有了空间上的划分。相反，原核细胞转录为RNA的过程与被翻译为蛋白质的过程是同时进行的，且合成蛋白质的速度更快。真核生物制造能量的细胞器是线粒体，植物与动物不同，有进行光合作用的叶绿体。除此之外，合成物质的细胞体和高尔基体都是由真核细胞独有的核膜包围的细胞器。

研究表明，真核细胞是在原核细胞出现20亿年后才出现的。原核细胞是如何进化为结构复杂的真核细胞的呢？虽然这个过程还未明确，但大部分科学家认为，真核细胞是由原核细胞进化而来的。为解释真核细胞出现的过程，科学家们对原核细胞与真核细胞所具备特征的不同之处进行了集中研究。其中，最引人注意的就是被好几层膜包围的细胞器。如果能了解它们的起源，就能更加了解原核细胞到真核细胞的惊人飞跃。为解释真核细胞的进化，我们要对它的其中一个细胞器——线粒体进行了解。

20 世纪 60 年代末，美国的林恩 · 马古利斯以内共生学说解释了线粒体的起源。线粒体是包括动物、植物及藻类在内的所有真核细胞内，利用氧气和有机物产生能量的地方。马古利斯提出的细胞内共生学说认为，线粒体由需氧菌紫色细菌进化而来。此细菌进入原核细胞体内，与宿主形成共生关系。让我们对这一学说进行详细了解。

在距今 23 亿年前至 22 亿年前，地球进入了第一个冰期，并持续了 3500 万年。冰期结束后，地球也迎来了新的环境。冰川融化后，由于冰川的侵蚀，矿物流入海洋，营养物质变丰富的海洋中孕育了大量蓝细菌，氧气含量也快速增加。在这个时期，数量众多的紫色细菌偶然被其他宿主细胞吞噬，进入体内。紫色细胞在宿主细胞内利用氧气进行有氧呼吸，并提供能量，宿主细胞则给紫色细菌提供营养物，二者开始相互帮助。一开始，紫色细胞是在宿主细胞内独立生存，但随着时间流逝，二者相互共享并丢失遗传基因，成了不可分割的关系。马古利斯认为，紫色细菌不断进化，成了现在的线粒体。

另外，植物的叶绿体来源于光合细菌蓝细菌。在拥有

原核细胞与真核细胞的差别

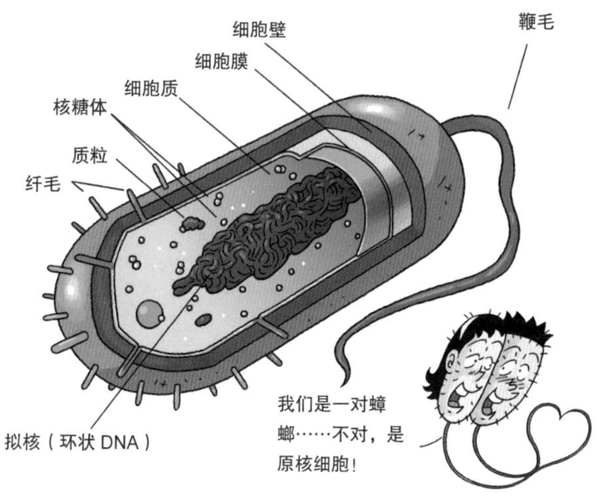

原核细胞

原核细胞有细胞壁。合成蛋白质的核糖体（与真核细胞的核糖体不同）能自由通过细胞质，转录 RNA 的同时合成蛋白质。拟核能压缩 DNA 和蛋白质，没有膜

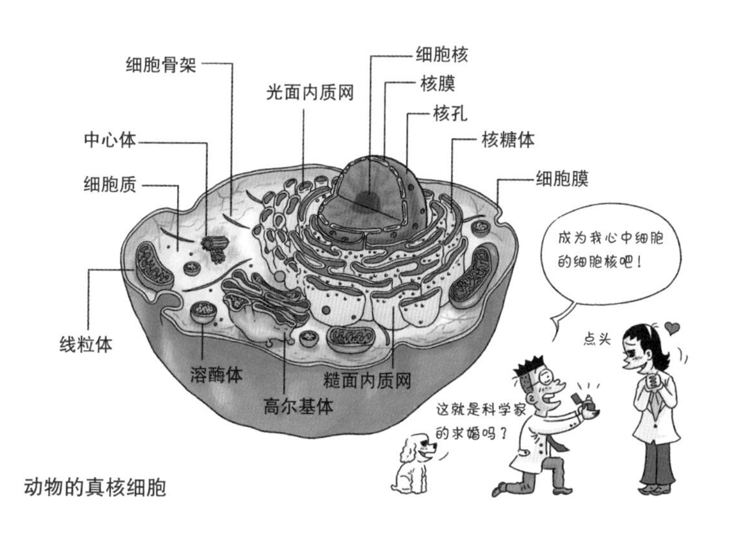

动物的真核细胞

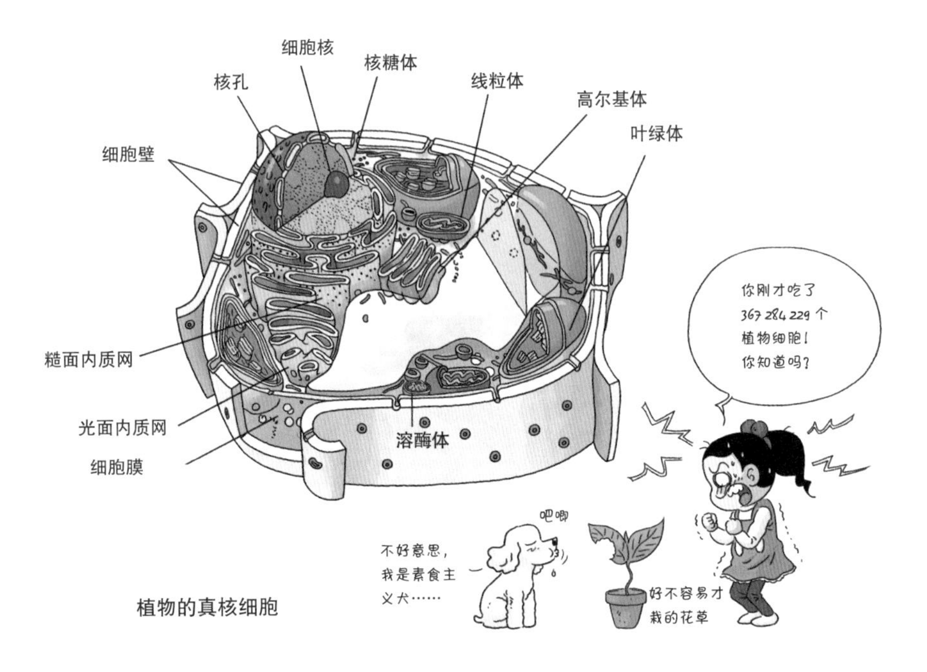

植物的真核细胞

真核细胞

细胞核	含有 DNA 压缩的染色体，调节细胞的所有生命活动
核糖体	合成蛋白质的器官，往返于细胞质中或者附着在内质网上
光面内质网	合成脂肪和碳水化合物，表面没有核糖体
糙面内质网	表面有核糖体，参与合成蛋白成
细胞骨架	细胞结构，负责细胞器和物质的移动
溶酶体	负责细胞内部消化
高尔基体	负责储存及分泌物质
线粒体	周围有两层膜包围的细胞器，负责合成能量
中心粒	细胞分裂时，释放纺锤丝
叶绿体	仅植物具备的光合作用器官
细胞壁	位于植物细胞外面，为植物结构提供支撑

与原核细胞相比，真核细胞内部的器官都是由细胞膜隔开的。虽然原核细胞的 DNA 与蛋白质一同被压缩，构成了拟核，但是没有核膜，没有单独的细胞核，也没有被膜包围的细胞器（线粒体、叶绿体、内质网和高尔基体等）。相反，真核细胞的 DNA 被核膜包围，且核膜上有核孔，细胞核与细胞质能进行新陈代谢。除此之外，还有许多被细胞膜包围的细胞器

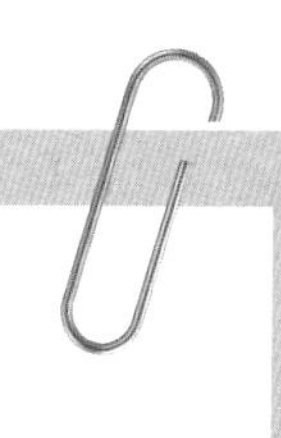

细胞内共生学说

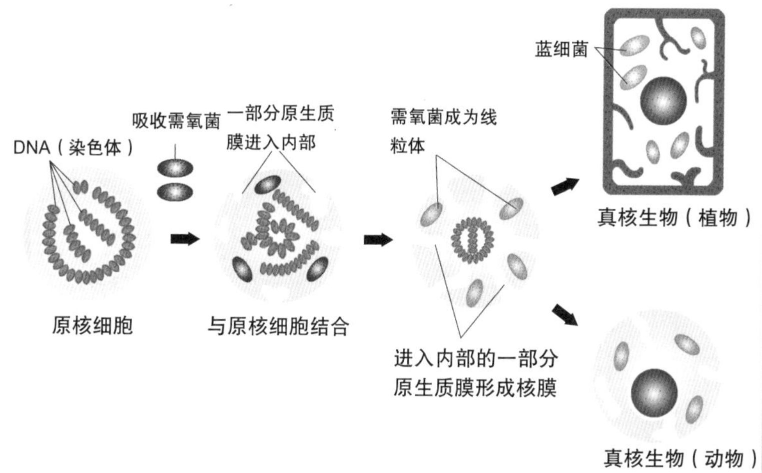

林恩·马古利斯主张线粒体的祖先进入原核细胞内部，形成共生关系的内共生学说。线粒体是能量生产工厂。运动时需要大量能量，因此肌肉中的线粒体数量会增加。线粒体有外膜和内膜，内膜含有大量制造能量的酶

线粒体的宿主细胞中，有些细胞接受了进行光合作用的蓝细菌。蓝细菌能够利用光能制造葡萄糖，与宿主细胞共生，和线粒体一样，随着时间流逝，成为真核细胞的细胞器。

支撑马古利斯内共生学说的证据是线粒体和叶绿体的

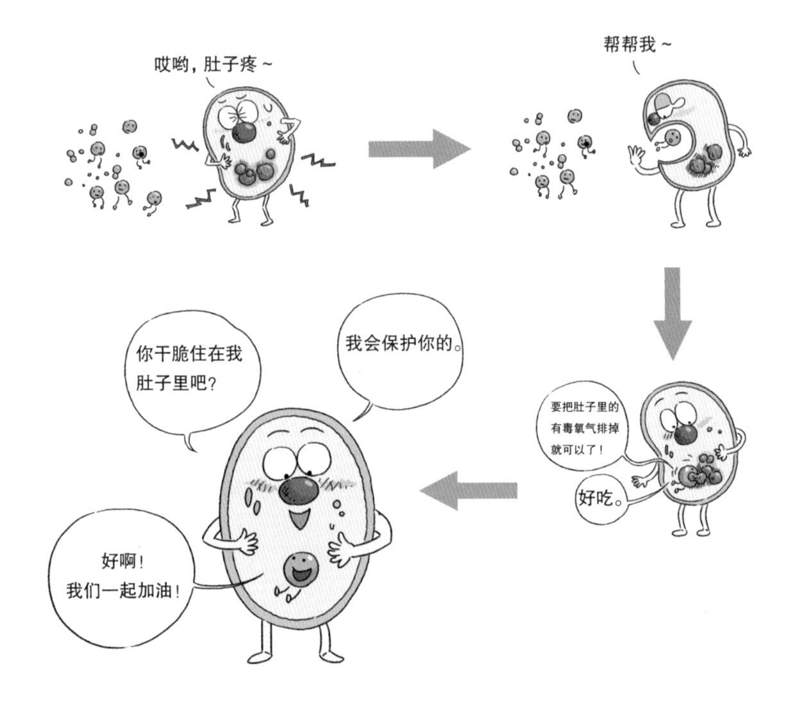

DNA 结构、双模以及核糖体。线粒体和叶绿体的 DNA 结构与真核细胞核中的 DNA 结构不同，与原核细胞相似。真核细胞核的 DNA 是被蛋白质包围的，但线粒体和叶绿体的 DNA 与其他原核细胞相似，DNA 呈环状。线粒体的 DNA 碱基序列（遗传信息）也与紫色细菌十分相似。

而且，线粒体和叶绿体细胞器官的 DNA 与真核细胞和 DNA 相比，有不同的 DNA、RNA 和核糖体，并有另外的酶合成蛋白质。尤其是线粒体的结构、大小和对抗生素的敏感程度都与紫色细菌相似。举例来说，对紫色细菌

染色体和线粒体的 DNA 结构

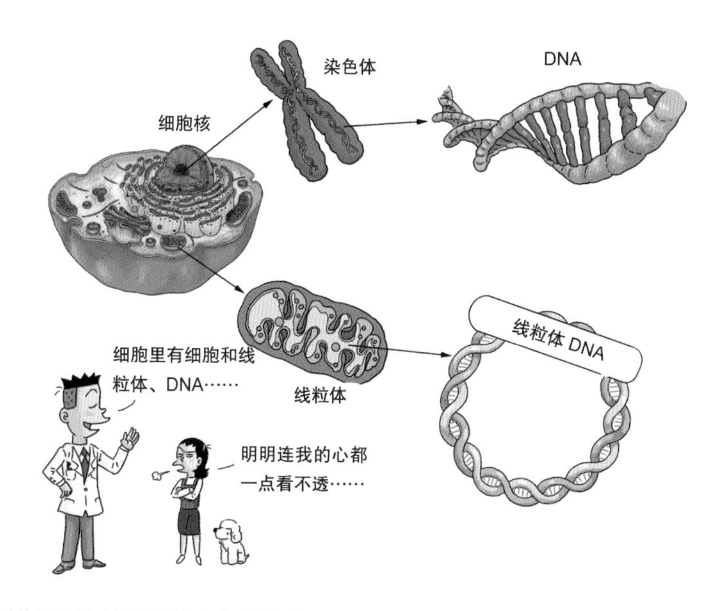

所有细胞的遗传信息都储存在 DNA 的碱基序列中，长长的 DNA 链被压缩后进入小小的细胞内。如果把它们解开来看，真核细胞的 DNA 是一条线形，原核细胞的 DNA 是首尾相连的环形。属于真核细胞的线粒体中也有与原核细胞相似的环形 DNA

有致命效果的抗生素也能使线粒体致病。线粒体和叶绿体的分裂方式与原核细胞一样，也就是说，真核细胞在分裂时，自我也要分裂，从而增加数量，但它们是像原核细胞一样，以二分法的方式分裂，增加数量，再分裂成各个真核细胞。

最后两个细胞器变成了双层膜结构，这是被宿主细胞吞噬后留下的痕迹。也就是说，马古利斯的细胞内共生学说为大细胞（宿主细胞）吞噬小细胞的吞噬作用发生后，小细胞未被消化，而是成为线粒体和叶绿体的假说提供了支撑。

1983年，英国的托马斯·卡弗利尔-史密斯将马古利斯的细胞内共生学说更加具体化，提出了原始真核生物假说。马古利斯的细胞内共生学说是以原核细胞吞噬线粒体祖先，即其他原核细胞的吞噬作用为前提的，但卡弗利尔-史密斯的原始真核生物假说假设没有线粒体的原始真核生物的存在，认为这些真核生物进化成了现在的真核生物。他将真核细胞的祖先古细菌分类为真核生物，认为古细菌的细胞质里出现内膜，将由DNA和蛋白质构成的染色体包围，从而产生了细胞核。拥有了细胞核的古细菌在很久以后吞噬了将成为线粒体的细菌，这个细菌在古细菌的细胞质内生存，变成了线粒体。

其实，没有线粒体的原始真核生物有1000多种，但是不能说它们就是有线粒体的真核生物的祖先。科学家们认为这是由于原始真核生物的生存环境特别，导致了线粒体退化。

1998年，德国的威廉·马丁和米克洛斯·穆勒提出了氢元素假说。这一假说是以20亿年前，地球上存在一

原始真核生物假说

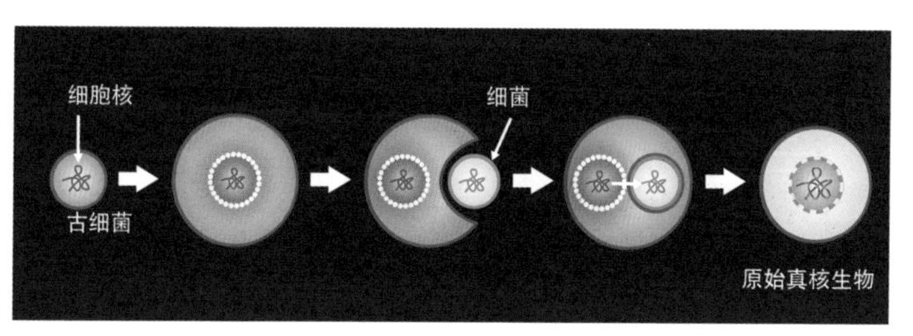

原始真核生物假说的内容是古细菌内部出现被膜包围的细胞核后，捕获细菌，细菌的一部分遗传基因转移到细胞内，形成了原始真核生物

种古细菌，与现在的产甲烷菌相似为前提的。这种古细菌即使在没有氧气的环境中，只要有氢气和二氧化碳，就能制造出生命所需的所有物质，是一种原始生命体。这时，古细菌遇见了救世主一般的细菌。这种细菌在吸收有机物后能释放出氢气和二氧化碳，古细菌便一直跟着它。马丁和穆勒认为，古细菌最终吞噬了救世主细菌，成为线粒体的祖先。

正如假说内容所示，科学家们认为地球上最初的生命体是单细胞原核生物，这些原核生物通过细胞内共生，变成单细胞真核生物。同样，单细胞真核生物聚在一起，成为多细胞真核生物。

氢元素假说

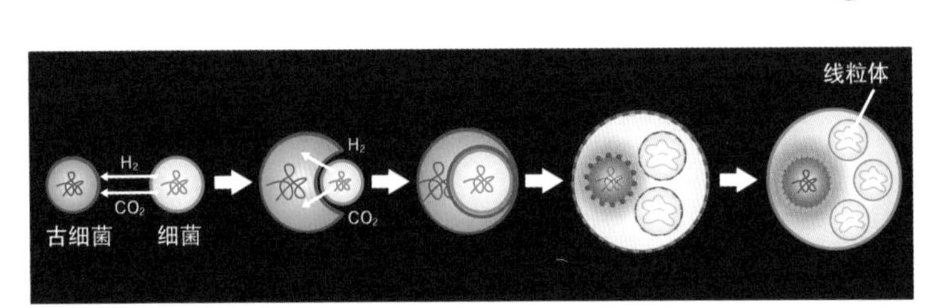

氢元素假说的内容是古细菌靠近释放氢气的细菌，最终将其吞噬，古细菌成为线粒体

线粒体的遗传基因

与线粒体最为相似、被认为是线粒体祖先的紫色细菌的遗传基因有 1500 个，但线粒体的遗传基因只有不到 100 个。线粒体原本的遗传基因都去哪了呢？那些消失的遗传基因都转移到了细胞核里。那么，为什么线粒体内还存留了一部分遗传基因呢？科学家约翰·艾伦将此称为调节呼吸的大门。呼吸并不只是单纯的喘气，还是生产能量的过程。这个过程分为几个小阶段，需要细致地调控。约翰·艾伦认为，在这个过程中需要不断反馈，但由于线粒体数量众多，细胞核与线粒体距离较远，无法全部控制，因此还是需要保持周围有一定数量的线粒体。

动物与植物的出现，多细胞生物

如果要更加具体地对地球生命体进行分类，可以将其分为单细胞原核生物、单细胞真核生物和多细胞真核生物。我们一般所说的细菌是指原核生物，变形虫是极具代表性的单细胞真核生物。人类是由数百万亿个真核细胞聚集而成的更加复杂的多细胞真核生物，动物和植物也属于这一类。

由于单细胞生物只有一个细胞，若是细胞损坏或者被其他个体吞噬，生物就会死亡，但多细胞生物即使有一部分细胞损坏也不会死亡。多细胞生物体内的细胞为了分担各种功能，分化成了不同的细胞形态。数十万亿个细胞就是由一个细胞不断复制而产生的，因此一个个体内的所有细胞都有着相同的遗传基因。仔细想想，我们体内的细胞都是由一个细胞复制而成的，为什么会有不同的样子和功能呢？比如一个人眼睛里的视觉细胞和胃上的胃壁细胞，虽然拥有一样的遗传基因，但外形和功能却截然不同。

拥有相同遗传基因的细胞之所以会分化成功能不同的细胞，是因为细胞内遗传基因的表现程度不同。遗传基因以蛋白质的形态表现出来。比如在我们的细胞分化为视觉细胞的过程中，接收光信号时，需要集中制造受体蛋白

生命体的种类

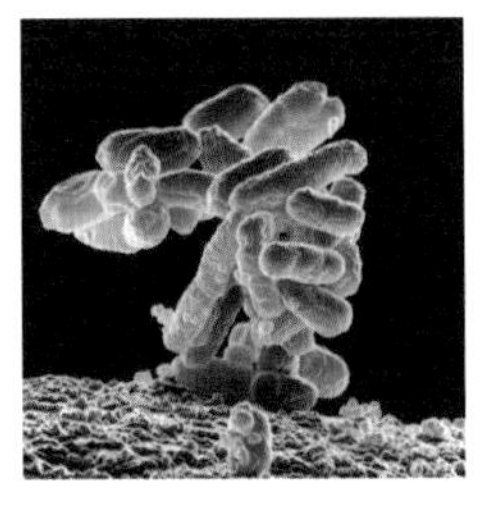

大肠杆菌是一种常见的原核细菌。它们常生存于健康人的体内，合成维生素，促进水的吸收，与人共存。但是如果通过伤口被感染，会引发毒性，变成危险的病原体

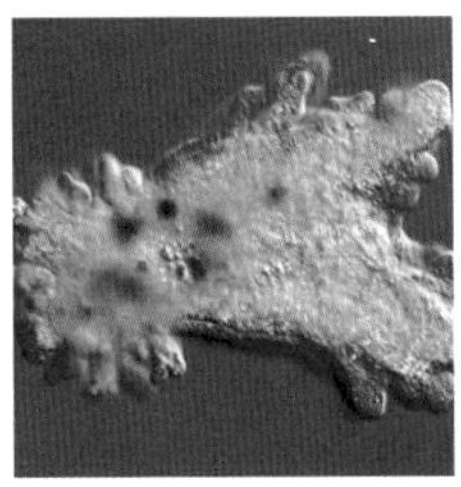

变形虫是单细胞真核生物。虽然它们只有一个细胞，但细胞外形可以自由变化，还可以移动和吃东西。这与人体内的白细胞吞噬细菌的吞噬作用相似。与大肠杆菌不同的是，变形虫是拥有核膜和食物泡（一种带膜的细胞器，消化食物的口袋）的真核生物

一头牛是由数百万亿个细胞构成的复杂的多细胞真核生物。功能相似的细胞形成组织，这些组织聚集起来后，形成了胃、肺、心脏等拥有特定功能及结构的器官。每个个体的多个器官进行有机活动，维持生命体存活

质，也就是传达信息时所需的蛋白质。

在分化为胃壁细胞时，制造消化液的遗传基因会活跃地合成蛋白质。这意味着虽然遗传基因相同，但每个细胞活性化的细胞种类不同，因此会分化为不同的细胞。每个细胞会被分化成什么样的细胞，会根据分化过程中细胞所

处的位置决定，也会通过细胞之间的相互作用决定。而且这种分化结束后，每个细胞只能执行特定的功能，从而提高效率。多细胞生物通过这种细胞分化过程分配各细胞的功能，也有可能出现更加复杂的组织或器官系统的进化。

英国生物技术和生物学研究理事会认为，地球上出现多细胞生物的决定性原因是大气氧气浓度的增加。随着地球大气中氧气浓度从 3% 增至 21%，为躲避氧气的毒性，细胞便聚集在了一起。

尤其是讨厌氧气的厌氧菌聚集到一个宿主细胞中，多个线粒体消除宿主细胞内部的氧气，为其提供了更多能量，最初的多细胞生物从而诞生。委员会的科学家们指出，出现的第一个多细胞生物是大小约为 0.5 毫米、由 5 个细胞构成的丝盘虫。

生物在不断变化的环境中相互碰撞，但即便环境变化，生物在生存中依然要维持温度、酸度和渗透压等内部环境。如果人到海拔高的地区生活，由于氧气浓度低，为补充氧气，运输氧气的红细胞会增加，这是为了使体内的氧气浓度维持在一定水平。丝盘虫在氧气不足的环境中，会和人类一样，利用增加红细胞的方式适应环境，维持生存。

但是，多细胞生物体内的氧气浓度如果超过一定值，也会出现问题。如果体内氧气浓度变高，红细胞会吸收引

丝盘虫

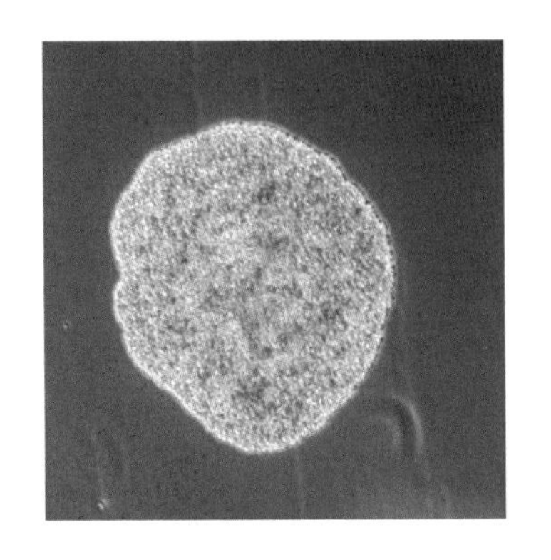

丝盘虫的外形乍一看与变形虫相似，大小约为 0.5 毫米，由 5 个细胞构成，常居住在海洋里。它虽然不像其他动物那样拥有组织或器官，但可以分为腹部细胞和背部细胞

发毒性的氧气，提供给线粒体。随着线粒体利用氧气制造出生命活动所需的能量，氧气浓度再次降低。

与其他细胞不同，红细胞内没有细胞核和线粒体等细胞器，但每个红细胞里约有 300 万个能与氧气相结合的蛋白质（血红蛋白）。血红蛋白的作用是维持细胞内的氧气浓度，使之在一个较低水平，必要时再释放出氧气。不仅是多细胞生物，单细胞生物也是一样。从这点来看，可以把输送氧气的红细胞看作调节氧气储存和供给的蛋白质。

随着地球大气中的氧气含量增加，多细胞生物得益于血红蛋白勤恳的工作，具备了调节氧气浓度的自我防御系统。没有危险性的氧气是线粒体生产能量的有用原料。

血红蛋白

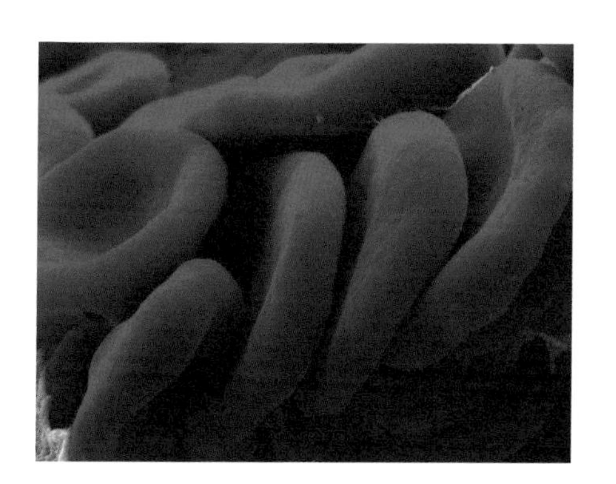

在体内变为氧自由基的氧气是加快老化、诱发癌症的凶手。生命体为调节濒临危险的氧气浓度，必需的就是血红蛋白

在线粒体利用氧气制造生命体所需能量 ATP 的过程中，随着地球大气中氧气浓度的增加，和没有氧气或氧气含量极低的环境相比，能制造出更多能量。进行有氧呼吸时，有机营养被氧化，分解为二氧化碳和水，并制造出 ATP 形态的能量。和不利用氧气时相比，它的效率提高了 15 倍以上。

如果没有氧气，生命体的能量效率只有不到 10%，但进行有氧呼吸时，能量效率会高达 40%。也就是说，即使吃了相同的食物，进行有氧呼吸的时候可以使用的能量更多。从汽车将石油转化为轮胎动力的能量效率是 15% 来看，线粒体利用氧气获取能量的生物能量效率，是现代

能量效率
体现出投入的能量有多少是能作为实际有效的能量使用。

尖端科技也赶超不上的。

目前，在所有地球生命体中，只有进行光合作用的生物能够储存所有能量的来源，即太阳能，我们将它们称为生产者。进行光合作用的细菌和植物都属于生产者，植物的生产量对生态系统的贡献相比较大。在生态系统中，以生产者为起点，摄取生产者的食草动物是一级消费者，以食草动物为食的次级消费者之间，又形成了互相为食的复杂关系。由于体形大的消费者比体形小的消费者更有可能成为高级消费者，因此一部分生命体也会朝增大体形的方向进化。

但若是消费者无法利用氧气，又或是大气中没有氧气，则能量效率会急剧下降，且无法给下一个消费者传递充足的能量，很难形成吃与被吃关系的生态系统。

生物的复杂性与进化

皮肤被粗糙而坚硬的鳞片覆盖，又大又宽的脑袋两边有着一双炯炯有神的大眼睛，尾巴又细又长，还有几十颗像锥子一样尖的牙齿。尾巴就像一根巨大的鞭子，藏着极大的力量，主要用于游泳和捕捉猎物。虽然长居水中，也会用扁平的肚子贴着地面慢慢爬行。具备以上特点的动物是什么呢？那就是鳄鱼。鳄鱼是脊椎动物，属于爬行动物。脊椎动物是我们周围常见的生命体，包括类似鳄鱼等爬行动物、鱼类和哺乳类等。那么，包括人类在内的脊椎动物的祖先是谁呢？

有科学家认为是生活在大约 5.5 亿年前古生代寒武纪中期，身长约为 30~40 毫米，外形像蚯蚓一样的皮卡虫。1999 年，学术杂志《自然》发表了比皮卡虫更加久远的脊椎动物的祖先，那就是与鱼类化石相似，身长 28 毫米的昆明鱼和身长 25 毫米的海口鱼。

在它们之后，开始出现爬行动物和哺乳类等脊椎动物。那么，昆明鱼和海口鱼的祖先是谁呢？沿着我们的研究方向继续向前追溯，就会发现是单纯的细菌形态的原核生物。

达尔文和华莱士主张，细菌这类简单生命体进化为复杂生命体的第一个阶段会表现为基因突变，基因突变后的个体会比其他细菌更能适应环境。也就是说，它们通过自然选择生存了下来，再通过基因突变的方式，进化为复杂的生命体。

但大多数科学家认为，仅凭基因突变和自然选择，很难解释集体式产生形态复杂多样的新物种这一现象。再回想一下林恩·马古利斯的细胞内共生学说，宿主细胞捕获

脊椎动物的祖先

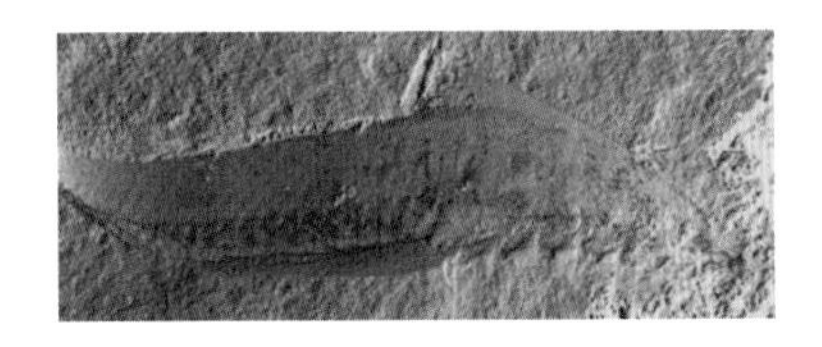

昆明鱼（左图）和海口鱼（右图）化石。生活在大约 5.3 亿年前的古生代寒武纪初期，具有鳃、鳍、肌节等鱼类特征

细菌后，在变化的环境中生存下来，并由此出现了形态更加复杂的生物。考虑到两种细胞联合制造出具备新功能的生物这一点，我们也可以猜测，或许正是通过合作及生物链，在不断变化的环境中才会出现如此复杂又多样的生命体。

真核细胞的体积比原核细胞大得多，真核细胞聚集产生的真核生物，体积也比原核生物大得多，且细胞内还有小器官等复杂组织。生命体的体积越大，为了维持复杂的组织，就需要更多能量。补充能量的发电站就是位于真核细胞内的线粒体。

如果真核生物需要能量，则细胞内制造能量的线粒体数量就会增加。能量的制造量增加，无论周边环境的温度

如果没有发生基因突变，也就没有我们了。
多亏了自然选择。

如何，都能够维持一定的体温，生物的活动性也会有所提高。也就是说，能量的制造量有利于交配繁殖和保护自己的领域。

当然，作为原核生物的细菌也能制造能量。制造能量的酶在细菌的细胞膜内，那么细菌的体积越大，细胞膜的表面积也会越大，制造的能量也会越多吗？当然，能量的制造量会随着表面积的增大而增加，但与表面积增大的比率相比，体积增加的比率要大得多，因此每个单位的体积获取的能量反而会减少。总体来说，细菌的体积越大，能量效率越低，因此增大体积对自身生存没有任何好处。所以，细菌的体积没有增大。

随着真核生物的体积变大，细胞内的遗传物质 DNA 也会增加。但不是所有 DNA 都是生存所必需的，因为会通过转录和翻译在其中进行挑选。之后细胞核内的一部分染色体成为性染色体，真核生物出现性行为，开始有性繁殖。在那之前的无性繁殖中，后代的父母只有一个，除突变之外，后代与父母的遗传信息完全一致。但有性繁殖的后代是从双方各自遗传一套染色体，因此根据从谁那里遗传了具有何种遗传信息的染色体，有多种不同的组合方式。因此每个个体有了多种多样的特征，生命体的多样性如爆炸般急速扩散。

表面积和体积的增加比率

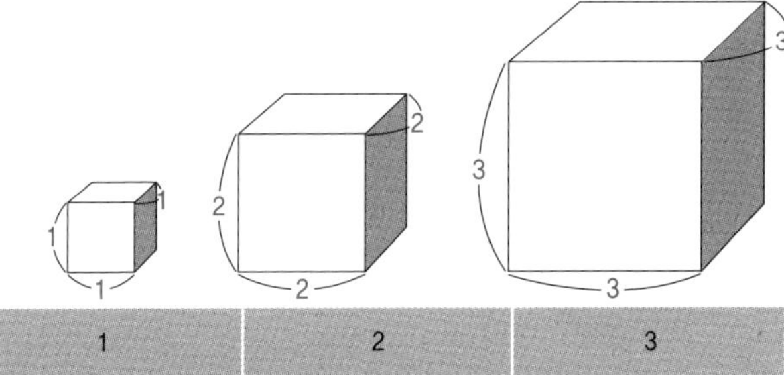

长度比	1	2	3
表面积	6	24	54
表面积比	1	4	9
体积比	1	8	27

如果细胞的体积增大，表面积的比例则增加到1:4:9，体积比例增加得更多，为1:8:27，所以每个单位的体积表面积反而减小。因此，细胞的体积越小，表面积越大，体积越大

因此，拥有线粒体和细胞核（染色体）的真核生物，能比原核生物进化出形态更复杂、更多样的生物物种。随着之后地球环境的变化，可以获得自然选择所赠予的各种变幻莫测的生存武器。

最初的
大气污染，有毒氧气

氧气是大气污染？大家一定会有疑问，因为我们现在离开氧气根本无法生存，但这是从现在“人类”的视角出发的。其实，某种环境对生物有利或有害都是相对而言的。

自地球上出现生物以来，生物与其周围环境相互产生了巨大影响。生物的出现以及进行的新陈代谢引起了环境变化，环境变化又引起了生物的变化，也就是进化。反复的相互作用形成了现在的生态系统，且无法预测它将来的变化。

大约 38 亿年前，原始地球上几乎没有氧气，原始海洋中堆积了各种各样的有机物。原始海洋中的有机物在机缘巧合下相互结合，出现了拥有复制与代谢特征的最初原始生命体。这种原始生命体属于厌氧原

核生物，可以在没有氧气的环境中，通过分解有机物进行生命活动，释放出的二氧化碳排放到大气中。就这样，最初原始生命体给地球大气提供了二氧化碳，消耗了海洋中的有机物。

之后出现了自养原核生物，不再使用已经枯竭的有机物，而是通过光合作用，利用大气中的二氧化碳和丰富的太阳光能合成有机物。光合细菌的出现又使地球发生了变化。不断增加的细菌在数亿年里不停进行光合作用，制造出的氧气使大气中的氧气浓度随之增加。这是大约27亿年前的事。在27亿年前至22亿年前，氧气含量缓缓增加。但在那之后，氧气含量快速增加到了现在的10%。大气氧气的变化对生物集体产生了巨大影响。

由于自养生物会制造氧气，因此处理氧气并没有太大困难，但异养原核生物是从没有氧气的环境中进化而来的，对氧气这种新气体束手无策，大部分都会因氧气致死。对原核生物而言，氧气是毒气一般的存在。现在的许多生物生存都需要氧气，所以很难想象，但在当时，有大量原核生物都因为氧气而消失，或是生活环境受到了局限。

这是因为进入原始异养生物体内的氧气随着代谢，变成了对生物有害的“氧自由基”。氧自由基是一种形态不稳定的氧气，如果处理方式不正确，会攻击并破坏细胞。由于当时的原核生物无法处理氧自由基，所以难以生存。

之后又发生了一次适应氧气环境的生物进化，开始有生物的体内拥有能处理氧自由基的酶。它们利用大气中的氧气分解有机物，制造出更多能量，并能立刻去除产生的氧自由基。分解有机物时，如果利用氧气，能获得比没有氧气时更多的能量，因此地球上当然会繁殖更多喜欢氧气的细菌（好氧菌），生物的体积也会增大。但是对不喜欢氧气的原始异养生物来说，这是致命性的打击。这也是一个很有趣的现象。

环境现在也因为众多生物而慢慢发生变化，其中人对环境的影响是最为巨大的。有许多生物因人类失去了生存地甚至灭亡，不知这个变化未来对人类是有利还是有害，这也正是科学家们呼吁为了人类进行可持续发展的原因。以后的环境会如何变化，又会有怎样的新生物出现呢？

病毒星球

《病毒星球》的作者卡尔·齐默说，20世纪90年代下半叶发现的米米病毒与细胞惊人地相似。米米病毒比部分细菌拥有更多的遗传基因，且体积是普通病毒的100倍。而且米米病毒体内存在制造病毒的结构物，这个病毒可以利用类似细胞内合成蛋白质的方法生成DNA和蛋白质，甚至还会被其他病毒感染。

我们一直以来都是通过疾病接触病毒，因此将其视作有害对象。但是，病毒不仅是构成包括人类在内的生命体的一部分，海洋中的病毒还会感染微生物，从而释放氧气或吸收二氧化碳，对生态系统和气候有着积极的影响。不仅如此，病毒在更换宿主细胞时，还会搬运自己和宿主的遗传基因，在遗传多样性上发挥了重大作用。

病毒这个单词有着创造和破坏的双重含义。我们现在对病毒还不够了解，连唯一一个完全被人类控制

有关病毒的新观点

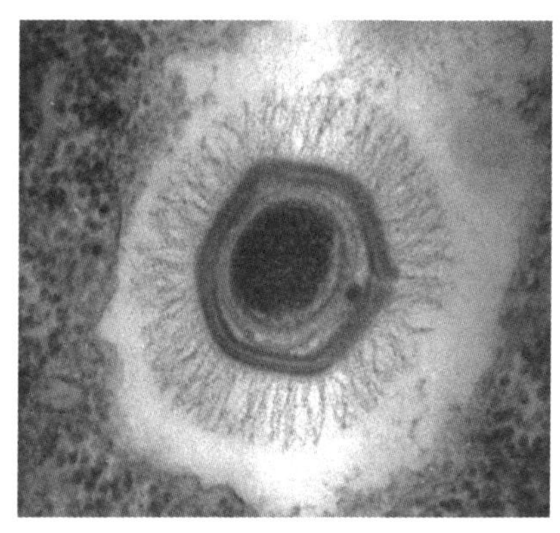

《病毒星球》一书的封面（左图）。这本书以有关病毒的最新研究为中心，提出了有关病毒的新观点，从而引起了广泛关注。米米病毒（右图）意为“模仿细菌的病毒”，是一个超乎常理拥有 1262 个遗传基因的巨大病毒，这引发了推翻病毒是生物这一概念的争议

的天花病毒为什么会致命，我们还未研究出结果，对艾滋病和埃博拉病毒更是万分恐惧。

掌控地球的病毒，虽然肉眼不可见，却在默默地支配包括人类在内的生物界。未来地球的气候与环境会给对人类生存造成致命打击的病毒提供积极活动的条件。因此，病毒研究是人类共同的任务，并且要长期不断地继续努力。

核膜有什么作用?

对生物而言，蛋白质十分重要，它能发挥酶和抗体的作用，也是肌肉、骨骼、头发和指甲的主要成分。这意味着蛋白质是构成身体部分最多的成分。同时，决定细胞功能及结构的也是蛋白质。细胞要制造蛋白质，首先需要的就是储存有遗传基因的设计图，也就是 DNA。由于 DNA 需要将遗传基因原封不动地遗传给后代细胞，因此被完整保存于细胞内。DNA 合成蛋白质时，不能立刻使用自己的遗传基因，因为原本的 DNA 哪怕有一点点变形，都会导致发生突变，所以要复制自身的 DNA 中需要的部分，复制本便被称作 RNA，复制的过程被称作“转录”。通过转录生成的 RNA 中所储存的遗传密码，在蛋白质合成工厂核糖体中被解读，然后合成蛋白质，这一过程被称作“翻译”。

通过以上方式将遗传信息转录为 RNA 后，虽然从整体上看，原核细胞和真核细胞合成蛋白质的方式

生命的中心法则

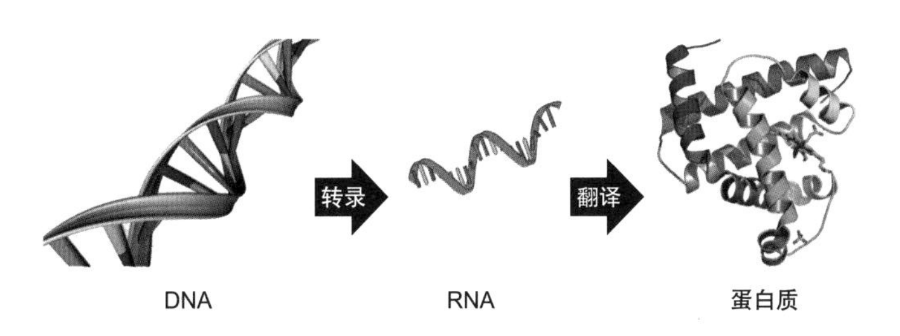

DNA 不会直接利用遗传基因合成蛋白质，DNA 的遗传信息是由 RNA 这个中转者（复制本）进行传递的。DNA 通过 RNA 传递给蛋白质的过程被称为“生命中心法则”

都一样，但是从细节来看，它们有着决定性的差别。首先，原核细胞没有核膜，真核细胞有核膜，而细胞有无核膜会产生极大的差异。如果观察原核细胞细菌前几代的遗传基因，会发现它们和现在很不一样，因为细菌能轻易留下需要的遗传基因，也能轻易删除不需要的遗传基因。这样一来，会经常发生突变。只有必需遗传基因的细菌在合成蛋白质时，也只转录需要的遗传信息，转录成的 RNA 立刻被翻译。由于在没有核膜的原核细胞中，转录和翻译是连续进行的，合成蛋白质的速度非常快。

真核细胞的蛋白质合成

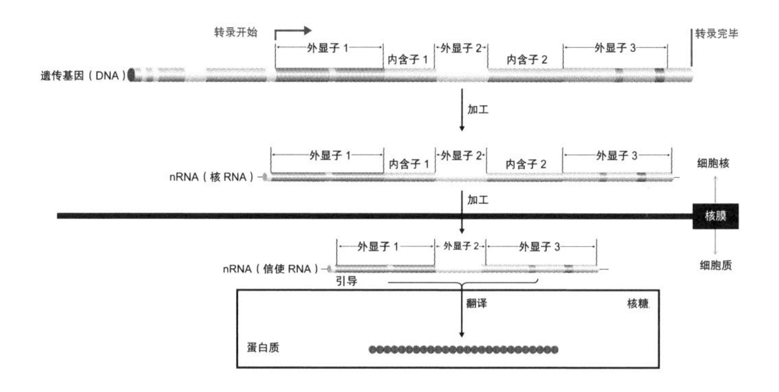

真核细胞要经历细胞核内 DNA 的遗传信息被转录为 RNA，然后删除其中不必要的信息（内含子）的 RNA 加工过程。被加工的 RNA 转移到细胞质后，被核糖合成细胞所需的蛋白质

但若是真核细胞 DNA 的遗传基因中充满了不需要的信息（内含子），则必须将其删除，否则会连同不需要的信息也被翻译，导致合成蛋白质出现错误。因此，为筛选出真核细胞内必需的信息（外显子），需要经过删除内含子的过程，即“RNA 加工”。这个过程需要一定的时间。在细胞核内将必需的信息进行加工后，再将其转移至细胞质，细胞质中的核糖体会进行翻译，再合成需要的蛋白质。

干细胞

我们都诞生于卵子受精后形成的受精卵。一个受精卵经过卵裂到子宫着床，通过自身分化为各个器官，再继续成长。因此，采集一个人任何部位的细胞，对其进行比较，DNA 都会是完全一样的。

受精卵从一个细胞加倍生长为身体形态的过程被称为“个体发生”。第一个受精卵能制造出人的所有身体部位，但在个体发生过程中，这个能力将逐渐消失。在个体发生过程中，细胞分裂至胚泡阶段，胚泡内部会产生细胞群（内部细胞）。这些内部细胞又会分化为心脏、大脑、腿和手臂等身体组织。周围的细胞则被称为营养细胞，形成胎盘等胚胎的外部组织。虽然不知道内部细胞会成为什么组织，但由于它有可能成为人体内的任何一种细胞，因此又被称作“万能细胞”或“干细胞”。干细胞的生成方式有许多种，可以分为胚胎干细胞、成体干细胞和诱导多能干细胞

胚胎及干细胞

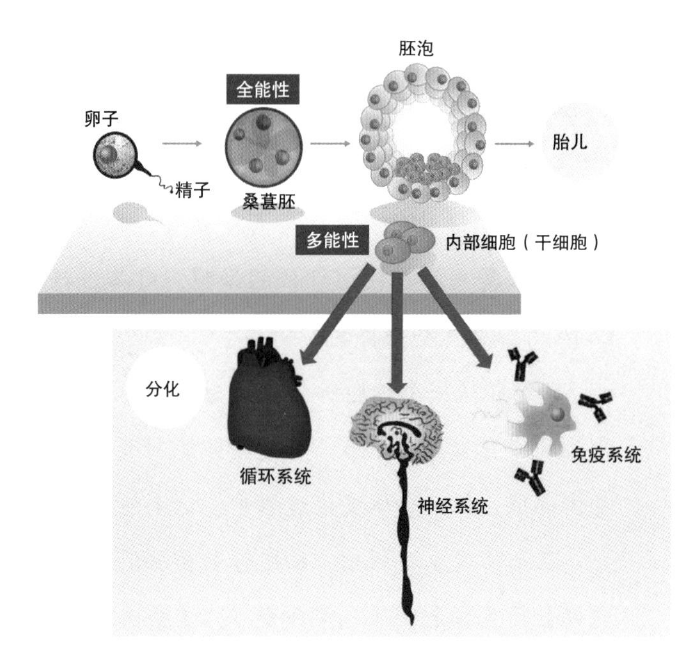

正在进行早期卵裂的受精卵中，各细胞都具备全能性。一旦发育到胚泡阶段，其中的内部细胞能够分化为胎儿的全部身体组织，但无法形成胎盘等胚胎外部组织，这称为多能性。内部细胞能够形成人体的所有组织，因而又被称作“万能细胞”或“干细胞”。干细胞分化为特定细胞后便无法再次分化。成体干细胞的大部分分化过程已经完成，不具备多能性

三类。胚胎干细胞利用的是受精卵的个体发生形成的胚胎；成体干细胞是赋予人类多能性的骨髓、脂肪等干细胞进行有限地利用；诱导多能干细胞能将分化过的细胞转化为未分化的状态，在最近引起了强烈反响。假如我们能制造已分化的体细胞的遗传基因，再分化为干细胞，这项技术将在许多方面发挥作用。人们对于利用干细胞治疗毁坏的身体部位或脏器，以及各种疑难杂症抱有极大的期待。

其中，关于使用受精卵和干细胞有很大的争议。受精、着床或是心脏开始跳动的瞬间等，究竟从什么时候开始可以看作生命？我们是否可以为了人类的利益而利用生命？

5

生物多样性的爆发

如今生活在地球上的动物是从什么时候开始出现的呢？是突然某一天“嗖”地一下出现的吗？令人惊讶的是，真的是这样。许多科学家认为，在地球诞生了一段时间后，突然出现了大量种类不同的动物，并将动物突然出现的时期称为“寒武纪大爆发”（与寒武纪之前数十亿年间的缓慢进化相比，寒武纪在5000万年里发生的寒武纪大爆发足以被称为突然）。寒武纪大爆发促使了大量地球生命体出现，但在那之前，也存在一定数量的动物群体，只是它们在寒武纪时期之前就灭亡了。

在寒武纪之前生存了3000万年的动物被称作埃迪卡拉动物群。埃迪卡拉动物群的化石乍一看像是风或水留下的痕迹，虽然模糊简单，但肉眼依然可见。但是寒武纪大爆发之后的动物化石与之前相比变得不一样了，它们不仅有坚硬的骨骼，还有多种多样并且复杂的结构。也就是说，大部分与现存动物相似的动物群，都是在寒武纪大爆发之后出现的。

在因寒武纪大爆发而出现的动物中，数量最多的是三叶虫。可是，现在我们周围已经没有三叶虫了。那么多三叶虫都去哪了呢?

三叶虫是一种节肢动物，外形呈稍扁的椭圆形，眼睛是由矿物质成分构成的复眼。它们在寒武纪初期出现，二叠纪生物大灭绝时全部消失。类似这种在一定时期内旺盛繁殖的动物全部灭绝的例子，除了三叶虫之外，最具代表性的就是恐龙。身躯庞大、数量众多的恐龙，分布于整个地球，不论海洋和陆地，却在6500万年前灭绝了。我们只能通过化石才知道地球上存在过这个物种。

这种形式的大灭绝，在生命历史上已经重复了五次。大灭绝的范围是整个地球，它们频率高、速度快、物种消失程度彻底，发生的根本原因是环境的变化速度远远超过了生物适应环境的速度。经过几次大灭绝，大部分物种灭绝，出现了新的物种。这一过程几次重复，使得每个时期覆盖地球的生物都有所不同。为了在大灭绝中生存下来，与有利于之前环境的条件完全不同的生存规则出现了。在之前占据优势地位的物种灭绝后，适应了这一规则的物种，在几乎没有竞争的环境中占据了新的地位，从而变得繁盛起来。人类文明开始的动机在于恐龙灭绝后，体积小、速度快的哺乳类占据了无主江山，也就是从第五次大灭绝后开始的。但是，在遥远的未来，人类灭绝后，后人会将人类称为支配这一时期的物种吗？因为其实比起人类，地球上还遍布着更多微生物。

生物学中将多样性视为复制过程中偶然发生的变异。刚开始看似不利的小差别，却成为在环境变化和捕食者中提高生存能力的武器。这些特征传给下一代，并且继续进化，多样性是提高生命体生存可能性，以及保持连续性的核心原理。相反，在众多生命体造成的各种现象和本质中，我们可以通过共同具备的运作原理找到原始的根。如果更加宏观地来看，相当于大历史是通过观察持续了137亿年的宇宙的各个方面，发现共同点，寻找起源的工作。

从现在开始，我们将对多细胞生物进化为多种生命体的根本变化，以及地球生命历史中环境的变化历程进行了解。同时，我们还将对生命从寒武纪大爆发到大灭绝，再到现在的生物，即生命的进化历史进行了解。

寒武纪大爆发

假设地球从形成到现在的时间为十天，那么可以看作昨天凌晨发生了足以和开天辟地相媲美的事。一直到前天午夜时分，地球上的生物体无一不是单细胞动物。就算有多细胞动物，也只有海蜇这种软体动物。但是昨天凌晨，拥有坚硬外壳或甲壳的生命体突然爆发性地出现。地球突然之间发生了什么事呢？

进化学家达尔文说过，生命体的进化是通过自然选择进行的，但不是像5.4亿年前雀鸟嘴的进化那样的自然选择，而是发生了呈现全新形态的第三种动物集体出现的事件，发生了可以被称作生物物种一代革命的寒武纪大爆发。

如果将地球形成的46亿年前到5.4亿年前这一期间称作前寒武纪，5.4亿年前到4.9亿年前这一期间则被称作寒武纪。从地球历史来看，38亿年前出现了原始生命体，在大约20亿年间，都是由蓝细菌等原核生物支配生命历史。21亿到16亿年前，出现了最初的真核生物。经过漫长的10亿年中断后，前寒武纪第一个多细胞动物出现了。之后在寒武纪时期相对较短的5000万年里，在形态简单的多细胞动物中，新群体在内外部形成骨骼，并出现了腿、头、尾巴、眼睛、肌肉及大脑等重要进化。寒武纪时期出现的生命体结构成为现存生命体所具身体结构的基础。寒武纪的动物被分类为“埃迪卡拉动物群”，当时它们的身躯还很小，而且很柔软。它们的结构像海蜇和海

葵一样简单，和地球现存的任何一种动物都不像。这意味着在进入寒武纪之前，这些动物已经全部灭绝了。

那么，引发寒武纪大爆发的原因是什么呢？科学家们认为原因就是地球大气中氧气浓度的增加。一般在没有氧气的条件下，生物的能量效率不到10%，处于生物链第二阶段的捕食者获取的能量不到1%。这样一来，捕食者无法获取足以维持生命的能量，相互联系的生物链也会断裂。但是利用氧气呼吸时，能量效率能达到40%，生物链要经过6个阶段，能量才会变为1%。也就是说，根据科学家的意见，只有进行有氧呼吸，才有可能出现捕食者。

生物链一旦形成，捕食者的身形必定会比被捕食者大。而且不论哪种动物，为了捕捉猎物或避免被捕，运动器官、大脑和眼睛等都在进化。

进化生物学家认为，寒武纪多种形态的物种是由Hox基因导致的。Hox基因如同控制有关动物胚形成的遗传基因启动或停止的开关，从而出现了6条腿的昆虫等各种各样新的动物。在化石记录中，初期的动物没有Hox基因，就算有也只有一两个。在基因发生突变后，Hox基因数量增加，才进化成了身体构造更加复杂的动物。

除此之外，还有人提出在寒武纪时期，有更复杂多样

丰富多样的物种出现

鱼类

两栖类

爬行动物

鸟类

哺乳类

寒武纪大爆发后，原本所有生物都生活在海洋中，植物最先迁移到了陆地。紧接着，鱼类迁移到陆地，进化为包括两栖类在内的爬行动物、鸟类和哺乳类等的生物生活在海洋各处。随着生活半径的扩大，被捕食者也得以进化，生物物种从而变得更加丰富多样。

但是，我们不能将此曲解为之前地球上没有的生物，在寒武纪时期集体出现。正如前文所说，随着埃迪卡拉动物群被发现，我们了解到生物的出现与进化历史比我们想象中更加悠久。只不过埃迪卡拉动物群在寒武纪前已经灭绝，没能延续到下一个时代，所以我们才在生物系谱中将其归为已灭绝物种。

寒武纪时期出现的生命体拥有前所未有的新形态，且位于生物系谱的顶端，因此具有重要意义。在伯吉斯山页岩化石群中，可以找到多种寒武纪生物的痕迹。

在加拿大伯吉斯山发现的伯吉斯山页岩化石群中，发现了超过 125 种生物。到目前为止，不仅有三叶虫等大众所熟知的生物，也有与现在任何生物都找不出联系的生物，比如有着五只眼睛、大象一样长的嘴以及蟹螯一样有刺的欧巴宾海蝎，还有伯吉斯山页岩化石群中体积最大、脚最奇怪的奇虾（身躯最短为 50 厘米，最长可达 2 米，外形似鳐鱼和虾的结合）。这些独特的生物证明，寒武纪时期的生物群多样性达到了惊人的程度，且它们是在相似的时期一同出现的。

在寒武纪大爆发中出现的生物具备两个特征：首先是

欧巴宾海蝎化石

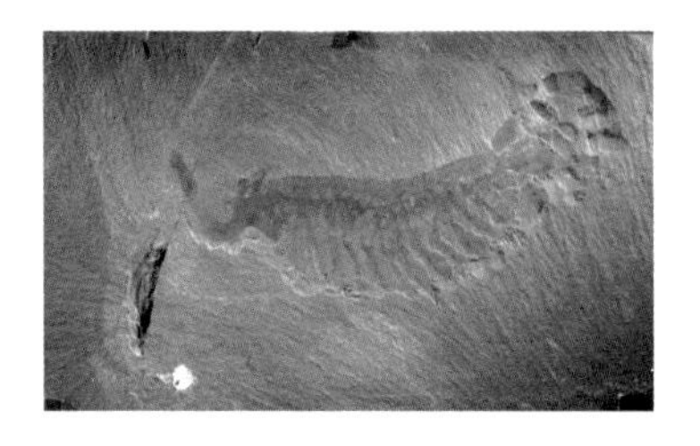

欧巴宾海蝎化石（左图）和模拟图（右图）。作为伯吉斯山页岩化石群中的一种，欧巴宾海蝎的头部前方有五只眼睛，和大象一样有着长嘴巴，嘴巴末端的刺可以捕捉猎物，身长4~7厘米，最大的约为10厘米

出现了构成复杂器官的下巴和牙齿、眼睛和大脑；其次是因捕食者的出现，骨骼有所进化，这些身体构造的特征是现存生物也具备的。接下来，我们来看看寒武纪时期之前所没有的身体构造是在什么时候，以什么方式出现的。

进化的道具箱

我们来详细了解一下复杂性是如何形成和进化的。专门研究生物群体内部遗传结构、频率及变化等的群体遗传学家认为，进化是遗传基因频率的变化，即，生命体制造出新的遗传基因，遗传基因的频率提高，这个群也随之进化。新的遗传基因创造出新的形态后被自然选择，这就是进化。

但是，进化发育生物学家提出，比起创造新的遗传基因，更重要的是如何利用遗传基因。多细胞结构的生物大部分是由一个受精卵成长为拥有复杂结构的成体，被称为个体发生。个体发生是通过细胞增殖和分化发生的。一个细胞分裂为多个后数量不断增加，这就是细胞增殖；细胞中特定的遗传信息被发现，决定细胞功能，这就是细胞分化。此时，遗传基因相当于调节细胞分化，设计各种组织，使其能组成精致的生物成体的一种原材料。也就是说，虽然遗传基因都一样，但就像建造房子一样，随着砖块的堆积方式不同，它有可能成为房子的围墙，也有可能成为房子。类似我们身体的真核生物的身体通过细胞分化，形成骨骼、手、脚、各种器官以及大脑等复杂的组织。

我们要留意的一点是，大象、老鼠和鸡等动物，虽然外表截然不同，但从解剖学角度来看，它们都拥有以头、躯干、尾巴顺序连接的统一身体构造。世界上任何地方都没有以身躯、头、尾巴顺序连接而成的动物。那么，这种共同规则是从何而来的呢？

我们发现了决定这种规则的遗传基因，那就是同源异型框（HomeoBox），简称为Hox基因。科学家们对触角的位置长出脚，或是身体各处长出翅膀的基因突变果蝇进行了研究。在果蝇的个体发生过程中，科学家们找到了 8 个 Hox 基因，并发现了这些基因的排列顺序会决定头部、胸部和腹部的细节构成。同时，他们还发现，如果这些遗传基因出现问题，就会发生脚代替触角等奇怪的变异现象。

因此，进化发育生物学家认为，根据遗传基因所处的位置、反复频率，以及变化与否的不同，会出现形态多样又复杂的生命体。不是新的遗传基因，而是熟练有效利用遗传基因的方法，才发生了“进化”。换句话说，从根本上来看，进化是因名为同源异型框的调节基因（开关）的变化而出现的，这是进化发育生物学的要旨。

进化发育生物学

专门研究个体发生过程是如何进化的，以及生物多样性这个过程促使生物多样性出现的方法的学科，英文名是 Evolutionary Developmental Biology，简称为进化发生学（Evo Devo）。

我们来比较一下进化为复杂形态的各脊椎动物的身体构造吧。蛇和老鼠不同，它们没有脖子，只有躯干。当 Hox 基因中出现 C6 基因时，会呈现出这种形态差异，从头盖骨到脊骨都是颈骨。比如蛇的 HoxC6 基因紧贴于头盖骨，所以完全没有颈骨，只有脊骨，可以说蛇的整个躯干都是脊骨。相反，老鼠的 HoxC6 基因位于离头盖骨稍远的位置，

果蝇和老鼠的 Hox 遗传基因

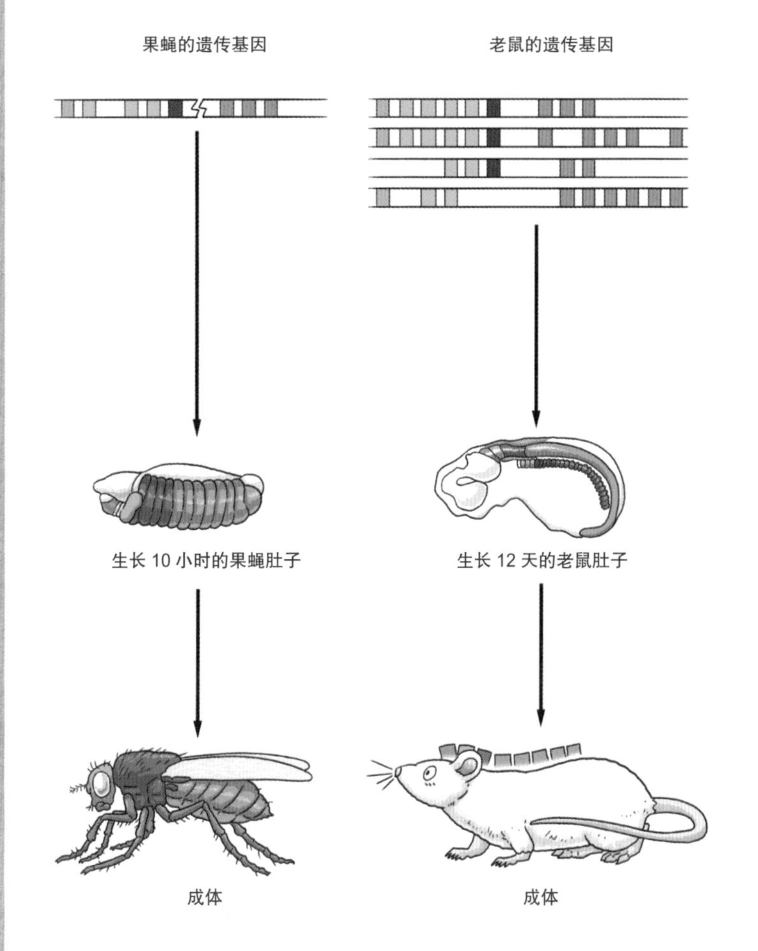

果蝇和老鼠的 Hox 遗传基因排列顺序都是紫色、绿色、褐色、橘色，十分相似。Hox 基因就是这样担当着整个动物界普遍存在的个体发生的道具箱的角色

所以有了颈骨。

如这个例子所示，根据 HoxC6 的位置不同，会决定是否有颈骨。也就是说，即使遗传基因没有增加，遗传基因开启和关闭的位置也能促使多种形态的生命体诞生。进

遗传基因的水平移动

某个生命体从来自外部的生命体接收了必要的遗传基因，并作为自己的遗传基因使用，这被称作遗传基因的水平移动。这相当于生存中如果需要某种自身所没有的东西，就把那个东西据为己有。

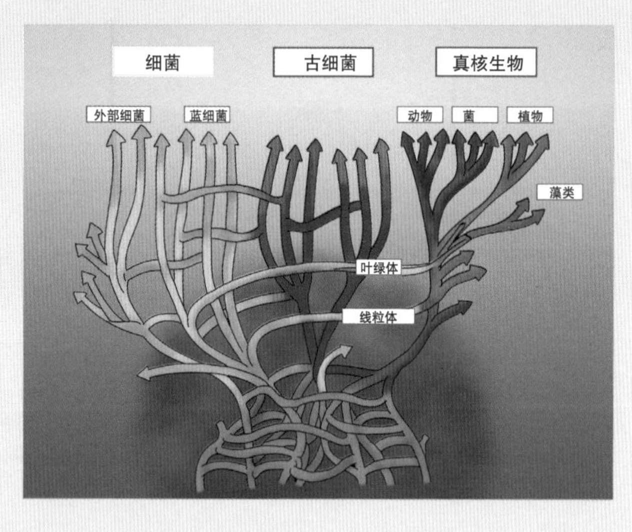

蛇与老鼠的 X 射线照片

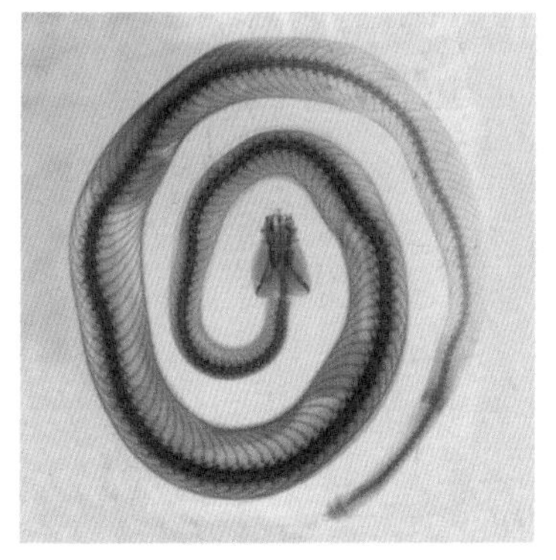

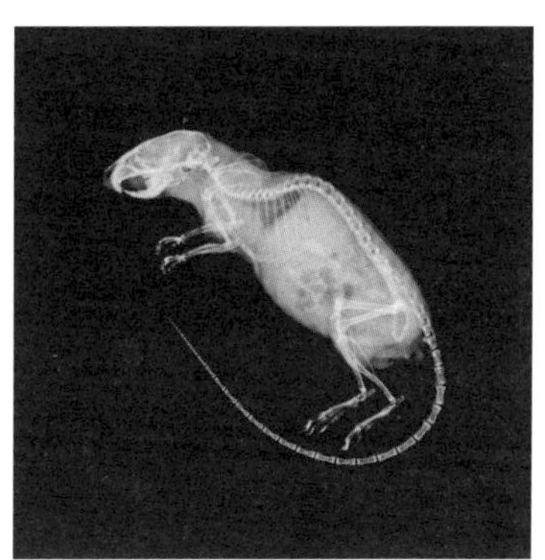

蛇没有颈骨，头盖骨直接连接脊骨，老鼠则是头盖骨和脊骨之间还有颈骨。这是由 HoxC6 基因的位置不同所造成的

化发育生物学家还认为，由于 Hox 基因这种调节个体发生的整体模式的开关发生了进化，因寒武纪大爆发而实现的生命多样化才能在较短时期内发生。

地球环境的变化

2011 年，日本东北部地区发生了日本历史上震级最高的 9 级地震。大规模的强震以后，太平洋海岸最高达

10 米的超大型海啸席卷整个日本东北部，破坏了当地的核电站，继第二次世界大战后再次令全世界陷入恐慌。为什么会发生这种事呢？

震级

在测定地震强度的标准中，有绝对标准震级（保留小数点后一位）和相对标准烈度（整数）。1.0 级的强度相当于 32 公斤炸药（TNT）的力度，震级每增加一级，能量会增加 30 倍。8.0 级的破坏力比 7.0 级强 30 倍，9.0 级的破坏力比 7.0 级强 900 倍。如果震级超过 9.0，地面会大片破裂，大部分房屋都会倒塌。

地球的历史和地质学、生物学以及大气都不是各自简单地区分开来的，而是有着千丝万缕的复杂联系。38 亿年前，地球上出现生命后，生命体经历了无数的环境变化，却从未完全消失过。如果生命体会因地壳和大气的变化而灭绝的话，就不会有现在的我们。

盖亚理论的创始人洛夫洛克认为，生命不仅能创造构成大气的气体，还能维持对生命体有益的大气组成。也就是说，生命体能继续维持生存的金发姑娘条件。虽然在地球形成之后，太阳的热量增加了 25%，但地球上的温度依然不变，因为生命体维持着适合生存的温度范围，生命体的历史才得以延续。同时，海洋的盐度也维持在适合生物的 3.5%。如果超过 5%，细胞膜会难以维持，生命体也无法存在。地球的温度和海洋的盐度要如何调节，虽然无法仔细解释，但根据盖亚理论，地

地震和海啸灾害现场

2011 年 3 月 11 日 14 时 46 分，日本东北部地区发生了日本观测史上最大的里氏 9.0 级大地震和海啸余波，失踪和死亡人口高达 2 万人以上

球就像一个有机体，能调节环境，将其维持在一定程度。

虽然地球不会呼吸，也不会像动物一样动，更不会通过遗传物质制造相同的地球，但它像一个生命体一样保护自己，维持生命，这一主张从生态学的角度给人类和以开发为中心的现代社会敲响了警钟。洛夫洛克认为，地球上生存的所有生物都是相互联系的，应该将地球视作一个生物体，也就是盖亚。他还主张人类文明要与地球共存，应该更加广泛地利用核能。那么，他是怎么看待日本东北部大地震和海啸引起的核电站事态的呢？

之所以发生地震和海啸，是因为地壳的运动。在地球内部的地核中，因放射性衰变生成的热量会进行对流，地幔会循环，使地壳板块发生运动。这些板块每年大约移动5厘米，因为地球的大小是有限的，在板块相撞的地方，一个板块会降到另一个板块下面，导致山脉形成或火山爆发。普通板块相撞的地方会发生地震；相反，在板块相互远离的海洋地壳中，地壳下的岩浆会喷涌而出，冷却后形成与山脉形态相似的海岭。

在地壳46亿年的历史中，板块相撞或远离，大陆连成一块或分离的事情在不断重复，因此造成了地球大陆位置与面积的变化，并给地球气候带来了影响。而海平面的变化，也造成了生物物种的变化。因为如果冰期使海平面大幅下降，会导致无数海洋生物灭绝，这是显而易见的事情。

如果说地壳板块的移动如同在地表跳舞一般不规律的话，地球大气的变化则是有一定方向的。地球最初的氧气含量还没有如今火星的氧气含量高。在对初期地球的岩石进行分析时，发现了许多被氧化的黄铁矿。通过这种对氧气十分敏感的矿物质可以看出，直到23亿年前，地球上

板块运动

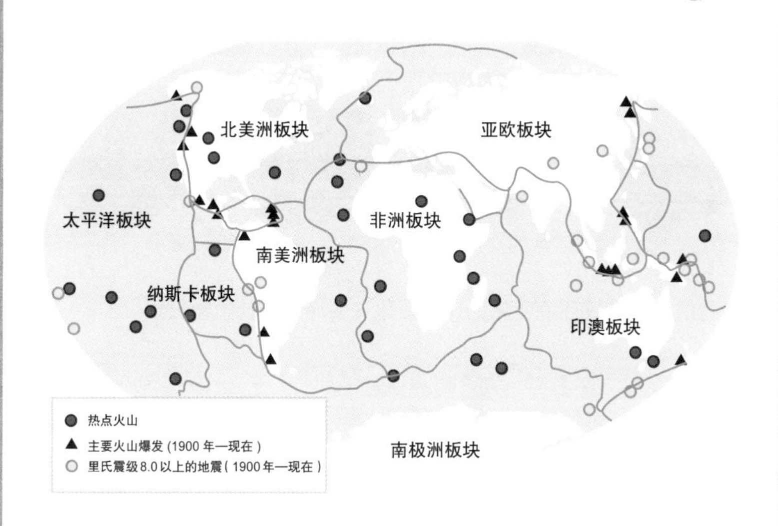

密度较高的海洋地壳如果和相对质量较轻的大陆地壳相撞的话，海洋地壳会滑到下面，这时因摩擦可能导致地震的能量被储存于地下。如果能量被释放，会引起大地震，剩余能量则会继续引起余震

几乎没有氧气。冰期之后，氧气浓度虽然逐渐上升，但速度十分缓慢。在那个期间生存的细菌等原核生物，支配了地球整整 20 亿年。细菌是通过分解有机物、释放二氧化碳来获取能量的异养生物。由于细菌分布于整个地球，在当时的地球大气中，二氧化碳含量增加。世界开始被利用二氧化碳生存的蓝细菌的祖先掌控。

生物的出现过程

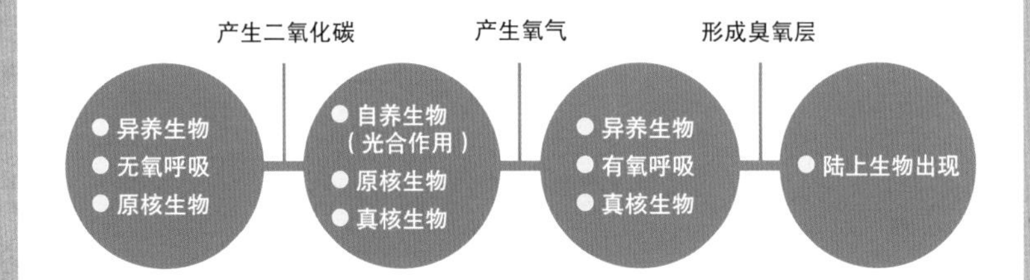

生物的出现导致环境变化，环境变化又会导致其他生物出现

DNA 修缮结构

生命体的遗传信息 DNA 会因紫外线、放射线和化学药品等受到损坏。一个细胞受损，一天就能导致 100 万个细胞跟着受损。这些损坏会导致出现老化或癌症等副作用，所以生命体具备快速修复受损 DNA 的自我修缮装置，那就是 DNA 修缮结构。但是，细菌的 DNA 修缮结构频繁出现错误，所以经常发生 DNA 突变，从而促进细菌进化得更加丰富多样。对生命体而言，这有可能是致命性的失误，也有可能成为进化的原动力。

地质学家将多细胞动物出现前的时间称为“单调的10亿年”。在这一时期，地球上没有出现特别的生命变化，且氧气浓度一直维持在很低的水平。随着第二次冰期的来临，地球的氧气浓度发生了变化，冰川再次融化，海洋成了营养丰富的地方。在这片海洋中，蓝细菌的祖先细菌发现了利用氢气的方法，开始进行生氧光合作用，因此氧气浓度也有了显著提升。前文中提过，光合细菌（蓝细菌）通过分解水获取所需氢气的能力，比现代的任何机器都出色。随着蓝细菌繁殖越发旺盛，地球也逐渐被氧气充斥。

其实，对初期地球上的细菌而言，新出现的氧气其实与毒药无异，但是有一部分生物捕获了将氧气有效转换为能量的线粒体，从而开启了复杂多样的新生命体的时代。

地球大气中的氧气浓度经过了20亿年才达到现在的水平，占地球历史的40%。充足的氧气是生物制造充足能量的必要条件，所以，生命体复杂的进化也需要很长时间。

氧气不仅让生命体进化得更加复杂，还制造出臭氧层，使其隔绝能破坏遗传物质DNA的紫外线。一直以来无差别地从宇宙射向地球的紫外线得以被隔绝，生活在海洋里的生物开始来到陆地，从此终于能在陆地上感受到生命体的气息。

DNA 修缮过程

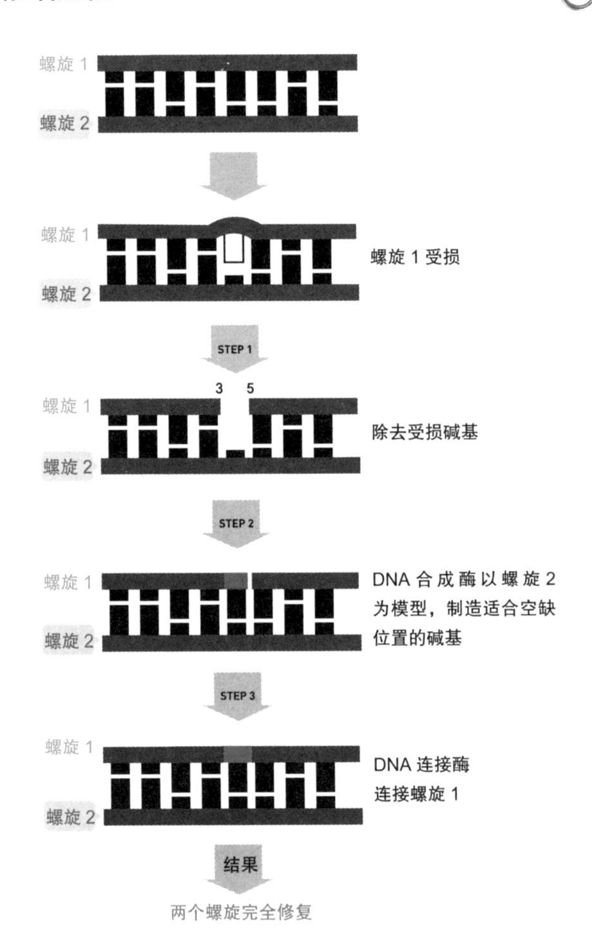

如果 DNA 因紫外线或化学药品而受到损坏，首先会除去受损的碱基。帮助 DNA 复制的 DNA 合成酶会以螺旋 2 为基础，复制受损螺旋 1 的一部分遗传基因碱基。DNA 连接酶将复制的碱基片段与螺旋 1 相连，则能完全修复

我们的地球不仅仅是生命体的家园，还为生命体适应变化、继续分化提供了合适的环境。寒武纪的生命体爆发性增长，这种生物学革命不是仅仅通过变异就能实现的，还需要能促进进化、维持生命的环境作为支撑。最重要的是，新出现的生命体为了在自然选择中生存下来，竞争不能太过激烈，而且具备新功能的生物必须最大限度地利用变化环境中的有利条件。由此可见，地球环境的变化会对生命体之间，或是地球与生命体之间的相互作用产生影响，赋予生命体多样化重要的推动力。

五次大灭绝

当五岁的孩子一边眨着眼睛，一边流畅地背出霸王龙、三角龙还有剑龙这些复杂的名字时，我们总感到可爱又惊人。在展示恐龙化石的博物馆里，不仅有许多孩子，还有很多惊讶得闭不上嘴的大人。是恐龙的哪一方面魅力吸引了人们呢?

恐龙生存在距今 2.3 亿年前至 6500 万年前，一共生存了约 1.5 亿年，在地球各地繁衍生息。当时，地球的各个地方都生存着各种各样的恐龙，可以说恐龙是当时地球的主人。

在目前为止发现的化石中，可以推测出最大的恐龙，

阿根廷龙

在阿根廷龙的骨头中，实际挖掘出的脊椎骨长度为 1.5 米，是超大型食草恐龙，被记录为最大的陆地生物

是 1993 年在南美洲阿根廷发现的阿根廷龙。它们的身躯总长约为 26 米，体重达 60 吨以上。在现存的陆地动物中，最大的动物大象的体重约为 6 吨。可以想象接近 60 吨的恐龙，体积是多么庞大。

在地球各地发现的恐龙骨有着千奇百怪的形态，最主要是因为骨头实在太过巨大，令人们难以相信恐龙真实存

韩国固城郡恐龙化石

恐龙化石在世界各地相继被发现，韩国也不例外。包括于庆尚北道义城郡金城面堤梧里的悬崖峭壁和庆尚南道固城郡德明里发现的恐龙脚印化石在内，以庆尚道为中心，周边 50 多个地区共发现恐龙脚印 6500 个。全罗南道海南郡黄山面牛项里一带也发现了恐龙脚印。这里同时发现了翼龙脚印化石和蹼足鸟化石，引起了世界范围内的关注。

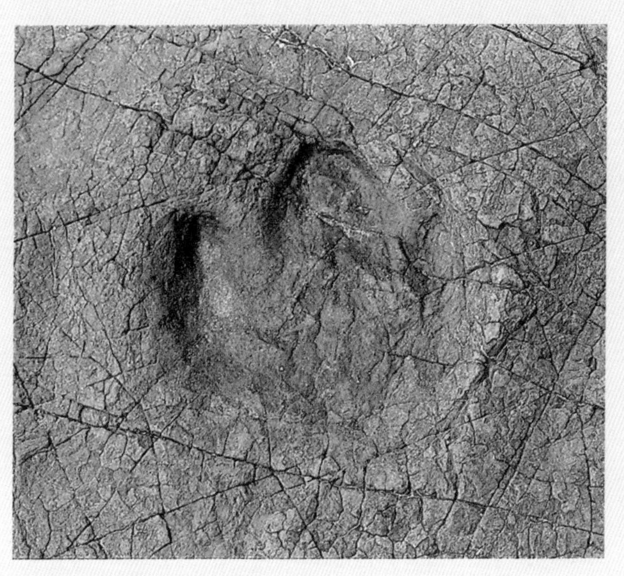

韩国固城郡发现的恐龙脚印化石

在过。但是，随着 19 世纪化石被发现，一直存在于人们幻想中的恐龙，终于出现在现实中。通过化石，我们发现恐龙的后腿比前腿发达许多，可以双脚站立，且和体积相比十分轻盈。身躯庞大到令人难以置信的恐龙，居然如谎言一般一次性在地球上消失了，这激起了人们巨大的好奇心。

在 1.5 亿年里，地球陆地和海洋中繁衍最多的大型爬行动物恐龙都去哪了呢？在过去 150 余年里，科学家们就恐龙灭绝的原因给出了 100 多种答案。有人说是因为哺乳类动物吃光了恐龙蛋，也有人认为是因为激素失衡、传染病、寄生虫、气候变化和植物的变化等。究竟是什么导致了恐龙灭绝呢？目前最有力的观点是陨石撞击理论。

20 世纪 70 年代，路易斯·沃尔特·阿尔瓦雷茨测量了意大利古比奥所处地层的铱元素浓度，其中 K-T 界限与其他地层相比，铱元素浓度高出 10 倍以上。铱是一种比金子更珍贵的金属，地球上很少能检测出，主要出现在陨石中。通过这一发现，科学家们提出，在形成 K-T 界限途中，一颗巨大的陨石落到地球上，冲击大到足以造成整个地球大灭绝。

K-T 界限

K 取自白垩纪（Cretaceous）的词源 Kreta 的第一个字母，T 取自第三纪（Tertiary）的第一个字母。白垩纪末期，发生大灭绝的时期被称作 K-T 界限。

虽然阿尔瓦雷茨不是古生物学

铱

铱的原子序号为77号，是地球上很稀有的元素，但是在陨石及外星物体中很常见。用铱元素制成的化学物质会呈现出多种颜色，据说该元素的名字取自希腊神话中的彩虹女神伊里斯（Iris）

家，也不是地质学家，但他提出的假说得到了多个领域学者的检验和修正。尤其是1990年在墨西哥尤卡坦半岛海底发现了推测有6500万年历史的巨大陨石坑，且在撞击面检测出铱元素的浓度非常高。

据推测，陨石在撞击下粉碎后，被爆炸的余波冲上天空，后来才落在地面上形成了铱层。而且，在撞击面获取的标本中，铱元素与金元素的比例为2∶1，这与大多数陨石中发现的比值相同。这个陨石坑被称作希克苏鲁伯陨石坑。直到现在，陨石撞击理论依然是6500万年前引起恐龙大灭绝

陨石坑

碗状的圆形坑，因彗星或流星等撞击而出现于天体表面。

好冷……

没有吃的了。
唧！

（K-T 大灭绝）的根本原因中获得支持最多的理论。

这一理论的内容是：直径约为 10 千米的陨石撞击地球，以撞击点为中心，生成了直径 100 千米、深 40 千米的大坑。周围的所有生命体因撞击后的火灾和暴风而全部死亡。同时，撞击产生的灰尘覆盖了天空，至少在一年至数年里，太阳光因灰色云彩的隔绝，从未照射到地表。因太阳光被隔绝，地球气温逐渐下降，陆地与海洋的绿色植物无法进行光合作用，只能慢慢死去，以这些植物为食的食草动物也不可避免地被饥饿所困。随着食草动物数量减少，食肉动物也相继死亡。除了恐龙之外，还有飞翔的翼龙和一部分鸟类、哺乳类动物都避免不了灭绝的结局。部分学者认为，由于这一时期的氧气浓度很高，陨石撞击引起的火灾和暴风能瞬间扩散至整个地球，从而加速了恐龙灭绝。

因陨石撞击引发的海啸退去后，海洋上下起了酸雨，最终迎来了灾难，导致海洋爬行动物、菊石以及浮游生物全部消失。就这样，当时地球上的大部分生物全部灭绝，学者们称之为白垩纪大灭绝。

38 亿年前，从出现生命开始到现在，类似白垩纪大灭绝的大灭绝一共有五次，其间还发生了无数次小规模的灭绝事件。

五次大规模灭绝分别是 4 亿 3000 万年前的奥陶纪大灭绝、3 亿 6500 万年前的泥盆纪大灭绝、2 亿 5400 万年前的二叠纪大灭绝、2 亿年前的三叠纪大灭绝以及 5000 万年前的白垩纪大灭绝。距今最近的白垩纪大灭绝因恐龙灭绝而出名，但灭绝规模最大的是二叠纪大灭绝。在二叠纪末化石记录的动物物种中，有 95% 全部灭绝，尤其突出的是生活在海洋里的海洋生物大量灭绝，且这一时期内繁衍最多的三叶虫完全消失，文蛤和海胆也消失了一大半。

在生命的历史中，灭绝不是稀有的事，而是反复发生的事件。灭绝是在生命的电视剧中，改变主角和剧情的决定性转折点。大量灭绝使这一时期成为生物多样性消失的时期，也是占据支配地位的物种换代的时期。回顾至今在地球上出现过的物种，99% 以上都灭绝了。在大灭绝的巨变中，有的物种完全消失，有的物种却迎来了改变的契机。也就是说，通过大灭绝，自然选择快速完成，去除了某种类型的物种，使其变成下个时期的新生物。这也为消除捕食者群体，获得新地位的生物群体争取了更多繁衍的时间。正因如此，恐龙在白垩纪大灭绝中消失后，战胜火灾与暴风，生存下来的哺乳类成了新的主人。就这样，生物多样性因大灭绝在短时间内大幅下降，重生的生物开始在变化后的环境中生存，并增加下一代的生物多样性。

人类正式成为地球这个舞台的主角，是从大约 1 万年

大灭绝年代记

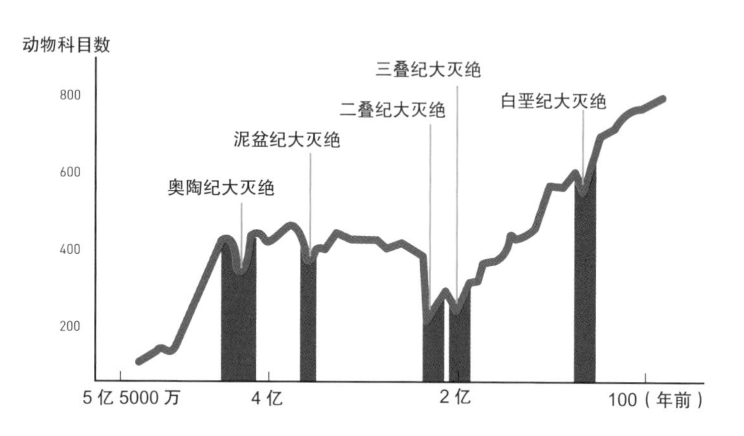

大灭绝是指当时的物种约 50% 以上全部灭绝。有许多物种都因大灭绝而消失，从而迎来新物种，成为地球主人的时期

前开始的。与恐龙繁衍的 1.5 亿年相比，这个时间非常短暂。但由于一些没有准备的偶然事件发生，在主角换代时出现了一些惊人的事。我们要时刻记住，人类现在能作为地球的主体生存，是因为在发生巨变的地球环境中经历了多次大灭绝生存下来的生命体，进化为了现存的人类。

许多科学家正在警示第六次大灭绝的发生，并主张我们这个时代的大量灭绝都是由人类造成的。因为与自然的恢复速度相比，人类正在更加快速、持续地改变生物的生

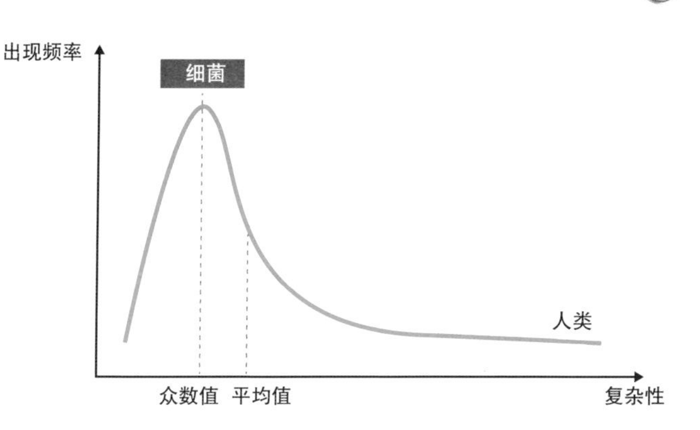

人类坚信，人类这个物种是进化的最终阶段。但是目前，地球上数量最多的生物是细菌。从整个生命的历史来看，虽然多样性扩大了，但众数值几乎没有变化。这暗示着对于进化增加了生命的复杂性这一看法，可能还有另一种解读方式

活环境，而人类主导的环境巨变反而会对人类的生存产生威胁。因此，为了避免第六次大灭绝，人类需要共同努力。我们需要保护生物多样性，并通过利用生命原理的基因工程和合成生物学，应对人类共同面对的问题。在这里，我们要明确的一件事是，地球只有一个，拥有改善地球能力的生物也只有人类。

这个时候，我们需要反问自己，在生命的历史中，人类真的是现在的主人公吗？据说一个人体内的细菌，是构

成身体细胞数量的 10 倍以上。虽然不能确定地球上的细菌都是又小又简单的，但是其个体数量和多样化程度，都是人类远远赶不上的。它们与生命体的历史同时出现，直到现在几乎保持着原型。在地球上最热和最冷的地方，以及其他恶劣环境中，也发现了细菌。它们能以一种非常高效的方式利用较少的能量维持生存。五次大灭绝都没有对细菌产生太大的影响。

再次仔细思考，在生命的历史中，人类的出现增加了复杂性的最高值（最复杂的程度），但从整个生物物种来看，包括细菌在内的生物物种众数值（数量最多的程度）其实几乎没有变化。虽然从人类的观点来看，生物的复杂性增加了，但从细菌的观点来看，可以看作地球整体的生物数量没有变多样，也没有变复杂。有可能从细菌的立场来看，现在只是一种叫作人类的物种暂时在自己占领的地球上生存。根据观点的不同，可以对许多有关生物的复杂性提出争议。

埃迪卡拉动物群

结构复杂的多细胞动物是从什么时候开始出现的呢？曾经我们认为是在5亿4000万年前至4亿9000万年前的古生代寒武纪。但是世界各地发现的化石证实，在古生代之前的前寒武纪时期，地球上已经出现了大型多细胞动物。

科学家们根据澳大利亚阿德莱德北部埃迪卡拉丘陵地带的地名，推断这为大约6亿3500万年前至5亿4000万年前的埃迪卡拉化石，并将这些生物称为埃迪卡拉动物群。埃迪卡拉动物群的发现，宣告了前寒武纪时期已经完成了复杂进化，并存在进行相互作用的复杂生物群落。

埃迪卡拉动物群中有许多化石与现在的多孔动物和水母等十分相似。在这些化石的基础上，我们推测埃迪卡拉动物群属于软体动物，且大部分躺在海底一动不动，在淤泥中摄取食物。因此，一直以来，对于是否应该将埃迪卡拉动物群划分为动物这个问题都有

埃迪卡拉化石

埃迪卡拉是位于澳大利亚南部弗林德斯岭北侧的丘陵地区，在与这个地区的地质年代相似的时期发现的前寒武纪时期化石被称作埃迪卡拉化石

所争议，也有科学家将它们划分为和水母一类的刺胞动物。尽管有争议，但是对于埃迪卡拉时期的动物群是没有坚硬骨架的软体动物这一点，没有人提出异议。

寒武纪大爆发之后的动物化石则和埃迪卡拉动物群不同，不仅拥有坚硬的骨骼，还具备多种多样的复杂结构。也就是说，在寒武纪大爆发后，大部分与现存生物相似的生物群都出现了。当然，在埃迪卡拉时期和寒武纪时期之间也有许多物种诞生。

所有生命体都是由简单进化到复杂的吗？

我们可以认为所有生物都是从简单生命体进化成复杂生命体的吗？1967年，美国生物学家索尔·斯皮格尔曼利用病毒进行了有关自然选择的实验。实验中使用的病毒由4500个遗传基因的碱基序列构成，能感染宿主细胞，制造新的病毒。

斯皮格尔曼在试管中放入能够直接用于复制的材料，以代替病毒生殖遗传所必需的宿主细胞。材料中包括复制所需的酶以及病毒生存所需的所有基本材料。实验结果出人意料。

实验初期，病毒能够正确复制自己的遗传基因。但是，随着不断繁衍，病毒发生了突变，一部分遗传基因消失不见了。虽然在通过感染宿主细胞生存的环境中需要这些基因，但是在有着足够复制材料的试管中，这些基因也变得不需要了。由于一部分基因消失了，遗传基因的序列变短，变异病毒的复制速度比一般病毒加快

病毒的两种生活史

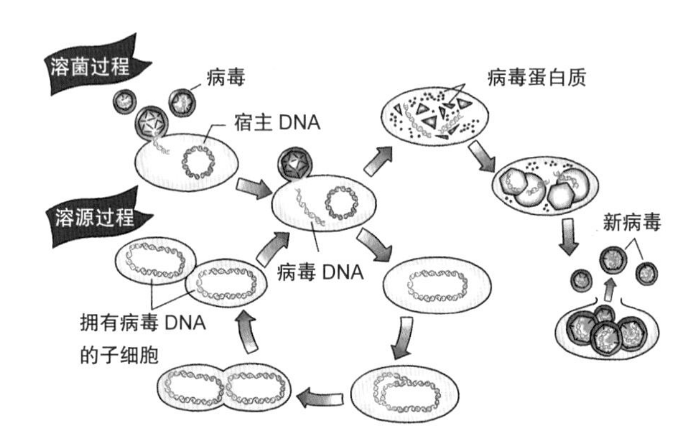

溶菌过程是病毒入侵宿主细胞后繁殖，再离开宿主细胞的过程；溶源过程是病毒 DNA 溶入宿主细胞 DNA，大部分未表现出来，传递给子细胞的过程

了许多。病毒复制速度加快，新的病毒便能打败一般病毒。但是，它们之中又会出现新的变异，新的变异病毒又会打败原本的病毒。这种情况不断反复，便出现了遗传基因的碱基序列只有不到 200 个的怪物病毒。当然，这种病毒只能在试管内生存，无法在试管外生存。

从斯皮格尔曼的实验来看，进化不是往复杂的方向发展，而是在特定环境中，选择有利的适应方向，所以有朝着最简单、最快且适应效率最高的个体生存进化的趋势。

从生命的诞生到生命的合成

1982 年，史蒂文 · 斯皮尔伯格的电影《E.T.》上映。这部电影讲述了某个村庄出现的外星人一遇见正在采取地球各种标本的人就匆忙离开，留下外星人 E.T. 与地球少年进行情感交流的故事。

不过，这部电影中的外星人 E.T. 外貌十分奇特。他的个子与人类相比较矮，但头很大，手指很长。斯皮尔伯格导演说，他所想象的人类进化到未来的模样就是这样的。因为经常用脑，所以脑袋变大，因为一动不动地敲打电脑键盘，所以手指才变长的吗?

自从古代人类认知宇宙以来，就对外星，也就是存在于地球之外的生命体十分好奇。由于火星上有大气，是与地球十分相似的行星，因此许多人想象并期待着与地球人或 E.T. 相似的火星人的存在。但是，无数次勘探证实，我们所想象的火星人是不存在的。目前，人类还未找到有关外星生命体的确切证据，但是我们依然假设在如此宽广的宇宙中，不可能只有地球上存在生命体，并在此假设之下对生命的证据进行追踪。

在这个过程中，我们认识到，生命体的范围十分广泛。从整个宇宙来看，我们目前所知的生命体的范围有可能只是极小的一部分。宇宙某处存在的生命体必须符合我们对生命体的定义，这种想法是以人类为中心的极其自大的想法。因此我们可以想象，外星生命体是像电影《变形金刚》中的机器人或者是无形的。同时，我们可以一边回想前文所说的生命历史，一边思考未来生命体是什么样的，生命的意义又会有怎样的变化。

这一章将从生命物种的多样性出发，对出现多样性的遗传基因的特征进行理解，并利用这些知识对人工制作遗传基因，生成所需物质的基因工程及合成生物学进行了解。同时，这也是有关人类制造生命的技术被许可程度的伦理标准。人类对生命体的挑战精神和好奇心被许可到什么程度，将会对生态系统产生怎样的影响，是我们每个人都应该思考的问题。

生命系统的理解与再创造

地球经历了五次大灭绝，度过了整个地球无数生物物种消失的时期。学术界认为，在这个时期，生物的多样性急剧下降。那么，生物多样性是什么呢？我们来对这个标准进行分析。根据生命体所处的阶段，生物多样性可分为生态系统多样性、遗传多样性和物种多样性三种。以地球上所发现的化石为基础，研究生物体的发生、进化过程以及当时环境等的古生物学家认为，生物多样性的含义十分简单，那就是物种的数量。物种数量多，多样性就高，物种数量少，多样性便低。当很难推算物种的数量时，便通过它所属的分类群，或上一级的分类群比较多样性。

分类群

过去我们是通过形态对物种进行分类，但在难以想象生命体存在的极限环境中，出现了多种多样的古细菌和细菌等。现在，我们不仅通过形态，还会通过生化学特征和 DNA 碱基序列进行物种分类。

在包括人类在内的多种物种出现之前，根据自然选择，生物中只留下了更能适应环境的个体。也就是说，在这一瞬间，依然有适应不了生态环境的物种正在灭绝。但是，最近生物灭绝的速度是自然灭绝速度的 1000 倍。虽

森林生物链

非洲大草原生物链

沙漠生物链

珊瑚礁海洋生物链

南极生物链

然生命体的确是通过变异、适应和灭绝提高了多样性，但是生物以这种速度灭绝，相当于多样性正在被破坏。

动植物死后如果生成排泄物，会有细菌等微生物对其进行分解。植物会吸收被分解的排泄物，生成有机物，还会利用二氧化碳生产氧气，净化空气。正因为有如此多的生物被有机地联系在一起，人类才能生存在地球这个生命基地中。由于人类在过去的生存过程中理所当然地利用生态系统中的其他生物，仿佛人类是整个生态系统的支配者，能随心所欲地进行调节。但如果没有植物排出的氧气，人类就无法呼吸，如果没有分解生物尸体的微生物，人类更是无法在满是排泄物的土地上生存。所以，在生态系统中，人类与众多生物一样，占据了一席之地，生物系统的混乱最终将直接关系到人类的生存问题。

引起构成生态系统的生物混乱的原因，最主要的是前文中所说的环境变化。但是，与小行星冲撞或冰期出现等自然灭绝的速度相比，现在的生物灭绝速度要快得多，其中人类要负很大的责任。如果生物物种像现在一样慢慢减少，无法维持多样性，将会引起什么问题呢？是生态系统中有一个物种因为某种原因灭绝了，如果是以前，会有其他物种将其代替，完全不会阻碍生态系统的自然进程。但是，如果在单纯的生态系统中有一种物种灭绝了，以这个物种为食和被这个物种作为食物的生物都会受到巨大的影响。就这样，生物将因人类的影响而加快灭绝的速度。

这样的结果会像回旋镖一样反过来威胁人类的生存，所以人类最近正在努力保护生物多样性。在进行盲目开发前，先判断这个开发“能否持续”。同时，为了让全世界人民都能认识到生物多样性的重要性，还在全世界进行多种推广活动。对急于追求产业和科技发展，一味投入开发的过去进行反省，时刻牢记有了其他生物生存，人类才能与其共存这一事实。这样，人类才不会像恐龙一样，被历史记载为风靡一时的灭绝物种。

人类操纵生命的技术

2003 年，以美国和英国为中心进行的解读人类遗传基因的“人类基因组计划”完成了。通过此项计划，人类（特定人）的遗传基因碱基序列被揭晓，任何人都可以通过网站确认特定人的碱基序列。参与计划的学者们同时对果蝇和黑猩猩的遗传基因进行解读。比较结果发现，人类的遗传基因数量与黑猩猩一致，且只比果蝇多一倍。这意味着遗传基因作为精密操控构成身体的各项器官开关，以此形式进行运作。看似毫无联系的生物体，在遗传基因多样性方面，以十分类似的方法维持着生命。

人们相信人类的遗传信息对治疗癌症会有所帮助，通过检查胎儿的遗传基因，可以诊断出遗传病，但是后续并不是进行治疗。比起治疗遗传病，技术的发展方向更偏向于分辨没有得遗传病的孩子。这导致通过检查遗传基因，决定要不要生孩子的道德问题。尽管有所争议，但是到目前为止，还没有成熟的道德标准和法律制度，有关如何管理遗传基因的标准也尚未确立。

其实，人类从很久之前就开始利用其他生命获益。一万年前，开始农耕的同时，通过家畜化和作物化获取粮食，储存剩余产品，对人类文明产生了巨大影响。优越的人类技术更是将既有的生物物种变成了对人类更有利的物质。

玉米粒被当作人类的主要粮食，玉米秆则成为家畜的饲料或肥料。

但是要吃玉米，必须每年都重新种植。科学家们发现了与野生类蜀黍相似的多年生植物，将其与我们常吃的栽培用玉米进行杂交（异种交配），开发出了新品种的多年生玉米。如果新品种的玉米和我们吃的栽培用玉米生产率相似，它将成为有着巨大经济价值和意义的农作物。

多年生植物

即使到了冬季，地上的叶子和根茎都枯死，根也会继续活着，到了来年春天重新发芽结果的植物。一般能生存两年以上。

类蜀黍和玉米杂种

类蜀黍（左）是多年生植物，玉米（右）是一年生植物。通过这两种植物杂交，人们开发出了多年生植物的杂种玉米（中）

人类的技术通过杂交，不仅能改良品种，还能制造出新的物质。通过遗传基因的合成或变形制造治疗疾病的医药品或新物质的学问就是基因工程。

为生产治疗糖尿病的胰岛素而利用细菌就是最典型的例子。细菌的细胞中有能不依靠染色体，单独繁殖的圆形基因，被称作质粒。将质粒分离后，剖解一部分限制性内切酶，对人体的胰岛素基因进行改

限制性内切酶

大部分原核生物细胞中都有的酶，具备辨别并切除基因碱基序列的功能。

胰岛素生产过程

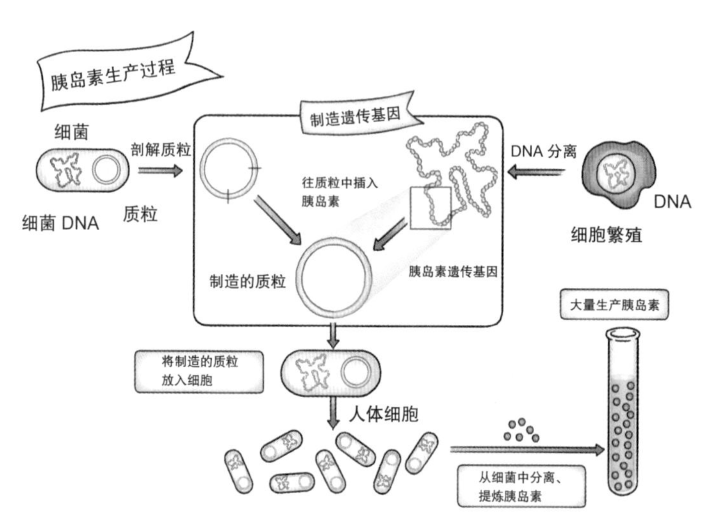

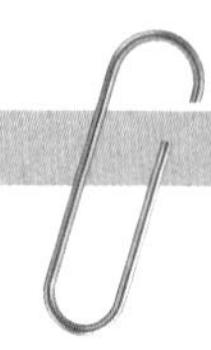

切除人体内的胰岛素遗传基因，插入细菌的圆形基因质粒中。由于质粒能自由出入细胞，被用于将人体内的胰岛素遗传基因搬运给细菌。将胰岛素基因和细菌基因重新组合而成的质粒放入细菌中，繁殖生成胰岛素后，从细菌中分离、提炼出胰岛素，并加以使用。由于细菌细胞的繁殖速度很快，能在短时间内制造出大量胰岛素

造培养，每当细菌繁殖的时候就能生成胰岛素。由于细菌的繁殖速度非常快，制造胰岛素的速度比人体的制造速度也快很多，这相当于把细菌当作胰岛素工厂使用。

如果说基因工程是去除一部分有用的基因，与宿主细

合成生物学的原理

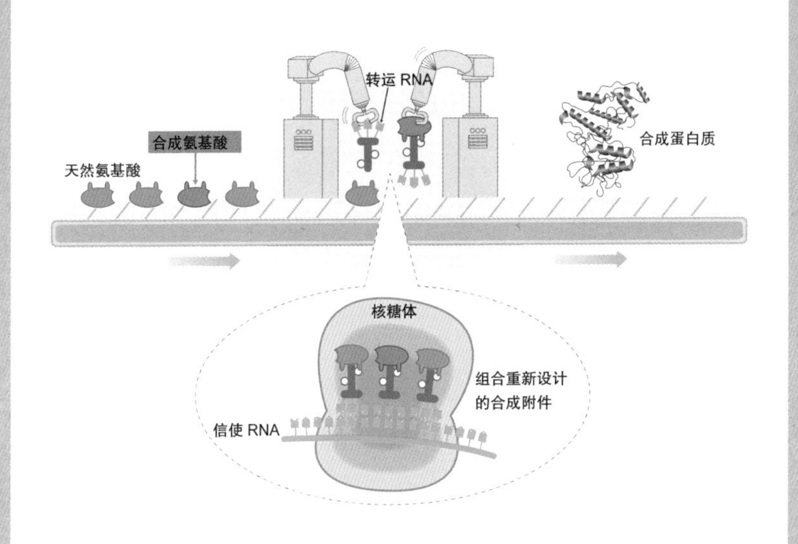

合成生物学能利用多样化组合各自独立发挥功能的合成附件（天然氨基酸、合成氨基酸、合成酶等），制造出所需的合成蛋白质

胞重新组合，制造出所需物质的话，合成生物学就是一门比基因工程范围更广、概念更深的学问。合成生物学为了能根据需要合成构成生命体的遗传基因和蛋白质等，像生产电脑零件一样制造所需材料。这不是制造遗传基因，而是像组装电脑一样人工合成 DNA，制造出新的有机物。

青蒿素

青蒿素是最具代表性的疟疾治疗药物。

在合成生物学制造的物质中，有闻到污染物质的味道后触发警报系统的微生物、如胶卷一样运动的细菌膜、包括抗癌物质白藜芦醇在内的发酵啤酒的酵母，以及10种不同有机体组合而成的初期青蒿素等。合成生物学最关注的是开发消灭癌细胞的人工微生物。

我们的身体由正常细胞构成。它们会经历分裂、成长和死亡的过程，维持数量均衡。假如手受伤，会有10亿个细胞受损。10亿个细胞的重量约为1克，如果少了这1克，我们的身体为了补充这1克，会进行细胞分裂。一个细胞在经历间期、前期、中期、后期和末期后分裂为2个，2个细胞又经历间期、前期、中期、后期和末期，各自分裂为2个，一共4个细胞，然后继续繁殖。细胞通过这种方式增加到10亿个后，受伤的部分就会愈合，就是我们常说的长出新肉。在伤口长出新肉后，正常细胞就会停止分裂。

但是，癌细胞在受伤的部分愈合后继续分裂繁殖，并像包一样不断变大，但问题是变大的包被分成小块后，顺着血液分散到身体的各个角落后继续繁殖。像这种某处的癌细胞扩散到其他组织的现象称为转移。

我们都知道，癌症发作的原因是由细胞突变造成的。也有人认为是天生带有癌基因，被致癌物质等激活。但是，目前得癌症的准确原因还没有被查明。治疗癌症的方法是找到癌细胞，并将其消除，但是只消除癌细胞都很困难，还要找出顺着血液四处扩散的所有癌细胞。如果能把这些癌细胞一一找出并消除的话，该多好啊？接受抗癌治疗的患者之所以那么痛苦，也是因为无法选择性地只消除癌细胞，正常细胞也要同时受损。因此，开发找出所有癌细胞并一一消除的人工微生物受到了许多人的关注。如果这项技术开发成功，人类将不再受癌症的威胁。

除此之外，合成生物学还受到了生物能和生物传感器开发领域的关注。同时，有关解决气候变暖等环境问题的研究也在积极进行。

但是，如果像组装机器一样制造新的生命体，会不会出现人类无法控制的合成生命体呢？在第二次世界大战时期，曾有人发明了生物武器炭疽杆菌。炭疽杆菌通过呼吸进入生物体内，毒素会立刻扩散，引起死亡。极少的量就能杀伤数百万人，而且保管方便，甚至可以邮寄。利用这种危险细菌的遗传基因，可以制造合成生命体。

其实，现代的技术已经达到可以制造致命生物武器的水平，这些信息能在网络上轻松找到。2005 年已经成

正常细胞和癌细胞

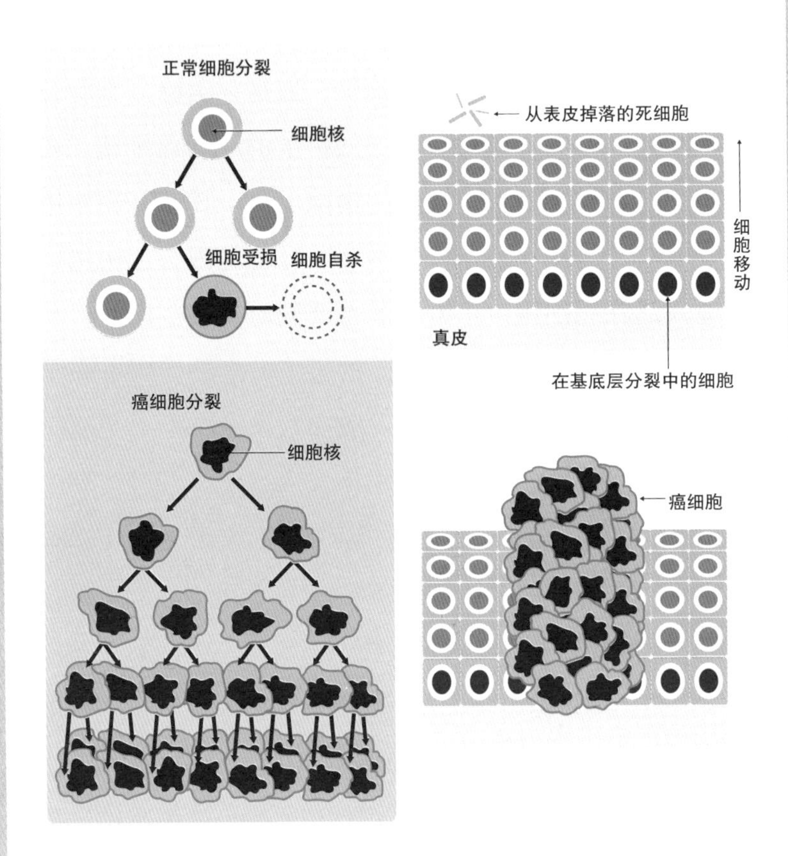

正常细胞需要多少繁殖多少，但癌细胞会异常地过多繁殖细胞，而且会不完整地生长，侵蚀并破坏周围的组织和正常细胞

功合成了1918年造成5000万人丧生的西班牙流感病毒，恐怖集团正在开发生物武器这件事也已经为众人所知。这是一把双刃剑，但更大的问题是，几乎没有人讨论应该如何利用这些技术，也没有为技术发展做支撑的社会体系。

基因工程操纵生命体的技术发达，满足了人类对未知世界的好奇心，并对人类最关心的健康和永葆青春有着积极作用。通过大量生产胰岛素，糖尿病已经不再是致命疾病，利用自身的干细胞进行没有排斥反应的器官移植也已成为可能。

人类不断研究DNA，了解了引发多种疾病的相关基因，未来也许还能通过修补受损基因治疗疾病。有的人还能用爱犬的DNA，制造出具有相同遗传信息的小狗。如果制造出在贫瘠的环境中也能茁壮生长的农作物，将解决未来的粮食问题。

可是另一方面，还有人在网上挑选满意的卵子和精子，以人工授精的方式制造受精卵，然后将其着床在廉价代理分娩的代孕妈妈身体里，这种孩子被称为“谷歌宝宝”。1997年上映的电影《千钧一发》中挑选完美优秀的遗传基因、制造试管婴儿的假想世界成了现实。

对于这种问题，我们要多加提问。究竟人类可以冒犯生命到什么程度？制造新生命是对神的领域的冒犯，所以很危险，但操控遗传基因，使其按照人类的需求稍稍变形，这又可以被允许吗？这个标准是由谁来定、由谁来协商的呢？接受猪心移植的人，可以看作一个完整的人吗？如果有一天能像有名的动画片《新世纪福音战士》中一样，用机械代替受损的内脏继续生存，这个人是机器人还是人呢？我们可以为了器官移植，制造出和自己一样的克隆人，再像消耗品一样用完就抛弃吗？因操控其他生物遗传基因而引起的连锁影响，人类能否承担？

这些问题没有正确答案，只会有不断的争议，虽然技术越来越发达，生与死的界限会变模糊，生命变得不是生命，人也不再是人。这些问题需要的不是科学家单方面的判断，而是需要从宗教、哲学和社会的角度不停思考和商议。但明确的一点是，人类与其他生物共同生存，共同组成生态系统的一部分。地球如此巨大，人类不能只把自身的健康与生存当作最优先解决的问题，否则定会被地球吞噬。

人类为保存物种所做的努力

在地球上的所有物种中，人类是最会利用其他生物的物种。虽然在多样化的生物之间，必定会存在直接或间接性的利用，但像癌细胞一样过度打破平衡，反而会破坏多样性，最终还是由人类来承担后果。

我们已经知道，有很多因人类过度狩猎和破坏栖息地而导致动物灭绝的事例，其中最具代表性的实例是居住在毛里求斯岛的渡渡鸟。渡渡鸟有着巨大的喙，不会飞翔，只因为长得不好看（肉质不鲜美，没有人吃）而被大量捕杀，最终消失在生命的历史中。同时，还有许多物种因人口增加和工业化，失去了栖息地。

“假如蜜蜂灭亡，人类也只能存活四年。”这句话一点也不夸张。因为蜜蜂会帮助花进行传粉，全世界粮食的 70% 都是通过蜜蜂传粉的。从 2006 年开始，蜜蜂死亡的事例快速增加。2010 年，韩国的本土蜜蜂死亡了 90%。全世界的科学家为揭晓出现蜜蜂成群死亡的蜂群衰竭失调现象的原因，已经研究了数年，提出了农药、手机电磁波、新型病毒和环境污染等原因。蜜蜂灭种直接关系到粮食问题，这更是证明人类必须与各种生物共存才能生存。

蜂群衰竭失调现象
工蜂外出不归，蜂巢里的女王蜂和幼虫也全部死亡的现象。

1992 年 5 月，在联合国环境规划署的主持下，《生物多样性公约》得以签署。此公约旨在让人们认识到生物多样性的重要性，并努力保护生物多样性，鼓励各国进行可持续开发。最初只是单纯为保护生物多样性而签署的这一公约，最近却在往另一个方向发展。随着基因工程技术的发达，开始有人打算通过工业化利用生物多样性所具备的遗传基因库。储存有各国本土种子等多种种子的“种子库”，不仅有表面上的意思，而且代表着未来在粮食产业中的竞争力。这样看来，人类不顾生物多样性一直以来的意义，将其当作一种资源，虽然是一种生存战略，但依然令人叹息。

另一方面，科学家还在通过人工繁殖的方式制造濒临灭亡的物种。一些国家也正在实行通过人工繁殖复原濒临灭绝危机的亚洲黑熊和山羊等哺乳类动物及其他动植物的计划。

阻止生物栖息地被破坏，复原被破坏的栖息地，以及人工繁殖等保存濒危物种，这些工作都有着极大的难度。人类为保存濒危物种所采取的行动会不会扰乱生态系统，这件事也备受争议。人类为保存生命多样性所做出的努力，应从展望宇宙和生命，人类文明的过去、现在及未来的视角出发展开。

从人类开始思考，我们就一直在烦恼，“眼前的这块石头和我有什么区别”，并从此开始寻找“生命”的意义。生命体的共同特征——新陈代谢和复制，由化石和间接证据假设出生命的起源，以及到现在为止生命的变化历程，无法用一句话来定义。最终，我们会发现自己又回到了“生命是什么”这个最根本的问题上。

不仅如此，人类还具备直观区别生命与非生命、判断其中区别的眼睛。因此，生命不仅在科学领域受到瞩目，在哲学、艺术和宗教领域中，也有许多人对其进行讨论。和给予的关注一样，人类对生命体的影响力也是极大的。

多个齿轮相连，就能让巨大的时钟开始运转。在生态系统中，人类也不过是个小小的齿轮。不管人类对生态系统的影响有多大，我们都不能认为其他生命体的生存钥匙掌握在我们手里。反而是人类的生存在深不可测的大自然的力量面前，如同摇摆不定的烛光一般弱小。正确理解生命和正确的价值观，会给构成生态系统的人类带来更深刻的意义。也正因如此，人类对生命的探索不会停止。

如果有外星生命体存在，它们的生物结构和地球上的生命体一样吗？

如果把元素构成的宇宙比喻为语言系统，地球上的生命体就像是某个偏远地区的外语。意思就是，所有生命体的特征有可能和地球生命体一样，也有可能不一样。

2010 年，美国国家航空航天局宣布，在约塞米蒂国家公园莫诺湖发现了与现存生命体构造不同的细菌。这一微生物细菌体内没有地球生命体必备的元素之一——磷，取而代之的是对人类有剧毒的砷。如果这一发现是事实，那么外星生命体与地球生命体有着不同生化结构的可能性将变大。但是，有关这一发现是否真实的争议一直不断，我们还要静观结局。

我们最开始之所以将进行新陈代谢和复制的东西称为复制体，是从我们已知的事实中得出的结论。

在莫诺湖中发现的细菌

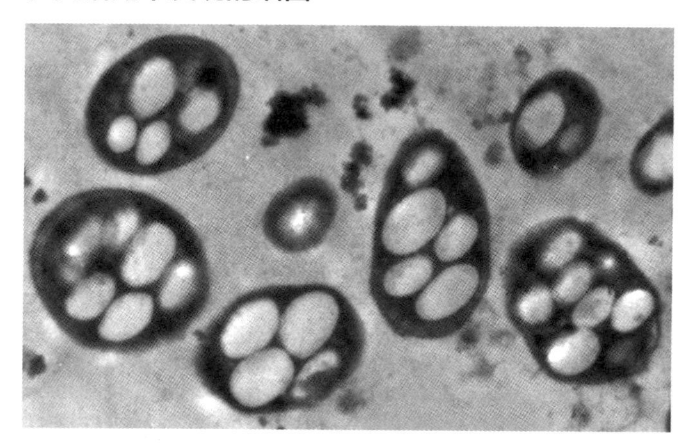

生命体必需的六大元素是碳（C）、氢（H）、氧（O）、氮（N）、磷（P）和硫（S），但生活在莫诺湖中的细菌 DNA 用砷（As）代替了磷（P），图片中如米粒一样的物体就是由砷浓缩而成的

因为宇宙只是由同一元素构成的，我们无法得知它将通过什么结合，构成什么物质，遵循什么法则，只能想象且没有证明的方法。我们将其称为外星“生命体”有可能是局限于我们所下的定义，限制了我们的视野，但确定的一点是，目前还没有发现符合我们定义的生命体。即便如此，只是想象外星生命体将以怎样的面貌等待着我们，都是一件令人激动的事。

从大历史的观点看生命的诞生

在韩国歌谣中有这样一句歌词：“我们的相遇不是偶然。”如果遇见相爱的人只是偶然的话，要在全球 70 多亿人中遇见那个人的概率实在太小了。在两人相遇之前，一定重复过无数次偶然，才会有这样的结果。因此，我认为人能遇见相爱的人是一个奇迹。

38 亿年前，生命的诞生也如陷入爱情一样，是由无数次小概率偶然不断重复，才能发生的一个奇迹。假如能乘坐时光机器回到宇宙诞生的 138 亿年前，现在这样的生命依然能诞生吗？《奇妙的生命》一书的作者史蒂芬·杰伊·古尔德说过这样一句话：“如果倒着播放记录了生命进化的磁带，那么生命的进化将会朝完全不同的方向进行。”

138 亿年前，从一无所有的“无”的世界，到大爆炸产生了宇宙。而在宇宙的无数颗星球中，一颗名为太阳的星球在发光。在围绕太阳旋转的行星中，地球保持着与太阳不远也不近的距离，沿着轨道慢慢旋转，从而产生了水。就这样，地球在偶然之下满足了生命存在的金发姑娘条件。38 亿年前，地球上出现了最初的生命体。虽然和现在的生命体相比，最初的生命体构造十分简单，但运作原理相同，都能进行新陈代谢和自我复制，并通过遗传将这些信息传给后代。后来又因偶然发生的突变，物种更加多样，与环境进行相互作用。通过自然选择，只有最适应环境的物种能够存活，并进化到了现在。随着具备这种运作原理的最初生命体诞生，在宇宙这个巨大的奥林匹克比赛场地中，选手开始依次入场。

那么，地球上现存的生命体有多少种呢？按照我们对生物物种的分类，一共约有 160 万种，非常多吧？虽然每位科学家的计算方法有所不同，很难一一确定，但通过各种科学的计算方法和预测，科学家们推测地球上至少有 2000 万至 1 亿多种生物。地球上生存着非常多的生物，这是不争的事实，而这也是从 38 亿年前到现在有许多物种灭绝，出现新物种后的结果。之所以出现如此多样的生命体，是因为生命体自身所具备的特征，也就是生命体的运作原理。

生命体具备自我复制，并将基因遗传给下一代的特征。并且由于不完整的自我复制，子孙中会出现遗传变异。变异不是生命体有意形成的，因此有好处也有坏处，而决定是好是坏的正是当时地球的环境。如果偶然出现的变异能比其他物种更加适应环境，则这个变异会遗传给下一代，如果不利于适应环境，则会在遗传给下一代之前就消失不见。这一过程被称为自然选择，通过自然选择，新的物种诞生，一些物种灭亡。生命体所具备的复制、遗传、自然选择和进化等运作原理是制造多样性的引擎，是不断出现多种生命体的原动力。

尽管最初生命体出现在地球上，但如果是其他满足金发姑娘条件的行星上出现了生命体，依然会以同样的运作原理延续。虽然现在地球上的生命体是由以碳元素为基础的碳化合物构成的，但据推测，存在与碳元素的化学性质相似，能够代替碳元素构成生命体的物质。即便如此，生命体依然会按照复制、遗传、自然选择和进化的运作原理继续生存，只是将根不断延伸罢了。

那么，生命体的运作原理对生命体多样化有着怎样的意义呢？经过19世纪的工业化，人类成为地球上消耗能量最多的物种，对整个地球产生了巨大影响，我们将这一时期称为“人类世”。人类所具备的影响力越大，生命体多样性所具备的共存意义也就越大。因环境污染，生态系统被破坏，生物多样性减少。如果这种趋势持续下去，人类未来将受到致命性的威胁。2010 年，联合国提出，维持生物多样性是全人类的共同话题，并将这一年定为“国际生物多样性年”。世界各国的科学家一同发声，再次强调生物多样性的意义。

过去，人类更加倾向于认为其他生物物种都是人类可以利用的资源。种庄稼时，集中于在小空间里投入少量能量，获得最多的剩余产品，圈养的家畜也是效用价值最高的。没有被人类选择的物种则逐渐减少，还有些动物因无差别化的狩猎而灭绝。动植物作为人类可利用的资源，有重要的意义，但由于人类的私欲，曾是地球氧气罐的亚马孙森林逐渐消失，土地、海洋和天空都被污染，环境发出的飞镖正在威胁着人类的生存。

众所周知，从 38 亿年前最初生命体诞生的那一瞬间开始，生命体和环境就一直相互影响，一起变化。且人类和黑猩猩及苍蝇有共同的生命运作原理这一点也意味着我们有共同的祖先细胞。与多样的物种和谐共处，守护在各自的位置上，这就是所谓的生态系统。同时我们还要铭记，在生命的历史中，有无数生命体因大灭绝而消失，又有新的物种出现，代替它们的位置。假如真的有那么一天，我们人类也无一例外逃脱不了这种命运。

在生命的 38 亿年历史中，人类的历史只有 300 多万年。他们和黑猩猩或大猩猩等其他灵长类动物外貌相似，在短时间内创造了属于自己的文明，并离开地球，前往宇宙。与其他物种不同，人类利用积累的知识和创造性的思考，揭晓了宇宙的诞生和生命的起源，并解读了构成生命的遗传基因信息。但我们要记住，人类拥有这样的地位，并不是要支配其他物种，而是要为了与其他物种共存负责，履行自己的义务。

2015 年 9 月

朴子英、李龙久